W0310509

Blüte der Gattung Epipactis

1 Mittleres Sepalblatt
2 Seitliche Sepalen, äußere Blütenblätter
3 Petalen, innere Blütenblätter
4 Anthere, Staubblatt
5 Rostellum, Klebdrüse
6 Narbe
7 Hinterlippe, Hypochil
8 Vorderlippe, Epichil
9 Lippenhöcker
10 Pollinien

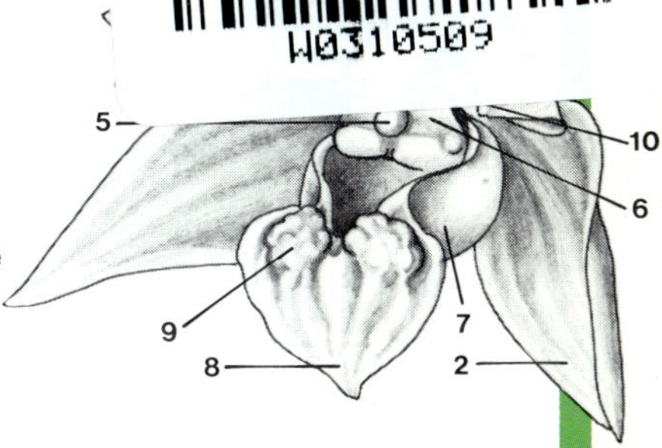

Blüte der Gattung Himantoglossum

1 Mittleres Sepalblatt
2 Seitliche Sepalen, äußere Blütenblätter
3 Petalen, innere Blütenblätter
4 Lippe, Labellum
5 Sporn
6 Mittellappen der Lippe
7 Seitenlappen der Lippe
8 Lippenzeichnung
9 Narbe
10 Sporneingang
11 Anthere, Staubblatt

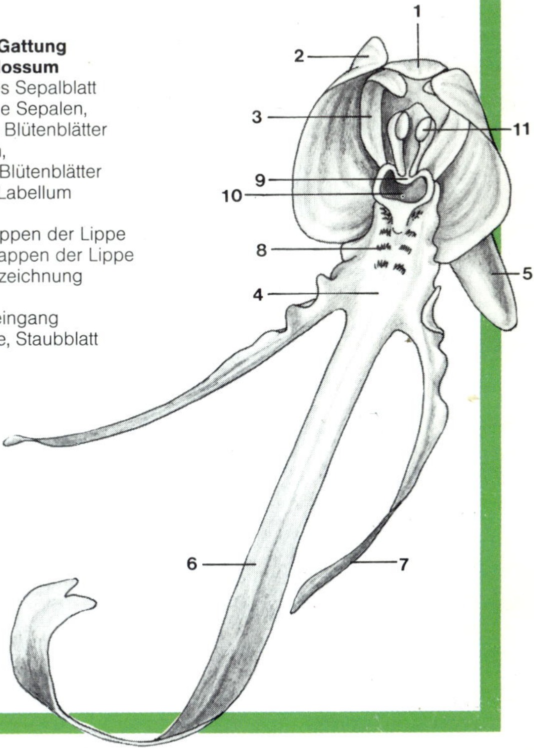

kosmos Naturführer
Kosmos
Gesellschaft der
Naturfreunde
Franckh'sche Verlagshandlung
Stuttgart

Baumann / Künkele
Die Orchideen Europas
247 Arten,
51 Unterarten

Mit 505 Farbbildern von H. Baumgartner (2), H. Baumann (H. B., 419), M. Bayer (6), Botanical Magazine (1), E. W. E. van Bruggen (1), Christensen (1), H. Daiss (1), R. Engel (2), G. Frey (6), M. Golte-Bechtle (3), G. Halx (1), R. Hansen (5), Jacob (2), N. Jacobsen (1), M. Kalteisen (3), O. Kurze (4), H. Läpple (3), D. Lang (2), M. Lenz (2), H. G. Reichenbach fil. (3), H. Reinhard (1), H. R. Reinhard (6), J. Renz (7), W. Schmidt (4), H. Sundermann (4), G. Taubenheim (1), E. Vimba (1), W. Vöth (2) und W. Wiefelspütz (11) sowie 46 Schwarzweiß-Zeichnungen und 7 Symbole von Marianne Golte-Bechtle

Die Farbbilder von G. Frey und G. Taubenheim entnahmen wir – mit freundlicher Genehmigung der Deutschen Orchideengesellschaft und des Brücke-Verlages, Hildesheim – dem Sonderheft 1977 der Zeitschrift „Die Orchidee".

Umschlag von Kaselow-Design, München, unter Verwendung einer Aufnahme von Helmut Baumann. Das Bild zeigt die Spätblühende Ragwurz, *Ophrys tardans.*

Die Orchideen Europas sind Herrn Dr. Jany Renz (Basel) gewidmet.

Das Bild auf den S. 2 und 3 zeigt Männliches Knabenkraut, *Orchis mascula,*
Aufnahme Hans Reinhard

Franckh'sche Verlagshandlung, W. Keller & Co., Stuttgart / 1988
Das Werk einschließlich aller seiner Teile ist urheberrechtlich geschützt. Jede Verwertung außerhalb der engen Grenzen des Urheberrechtgesetzes ist ohne Zustimmung des Verlages unzulässig und strafbar. Das gilt insbesondere für Vervielfältigungen, Übersetzungen, Mikroverfilmungen und die Einspeicherung und Verarbeitung in elektronischen Systemen.
© 1988, Franckh'sche Verlagshandlung, W. Keller & Co., Stuttgart
L 14 Pl / ISBN 3-440-05829-8
Printed in Germany / Imprimé en Allemagne.
Satz: G. Müller, Heilbronn
Reproduktion: G. Schmid, Stuttgart
Herstellung: Mairs Graphische Betriebe, Ostfildern

CIP-Titelaufnahme
der Deutschen Bibliothek

Baumann, Helmut:
Die Orchideen Europas : 247 Arten, 51 Unterarten / Baumann ; Künkele. – Stuttgart : Franckh, 1988
(Kosmos-Naturführer)
ISBN 3-440-05829-8
NE: Künkele, Siegfried:

Vorwort

Die Erforschung der europäischen Orchideen ist in den letzten 10 Jahren weiter vorangeschritten. Unser Feldführer von 1982 berücksichtigte 200 Arten und Unterarten, soweit deren Taxonomie damals geklärt war. Das vorliegende Buch enthält 247 Arten und 51 Unterarten, insgesamt also knapp 300 Sippen. Die Erhöhung belegt diese Entwicklung, die in den vergangenen Jahren vor allem durch eine verbesserte Durchforschung der Areale erzielt werden konnte. Wir möchten in diesem Zusammenhang die seit über 60 Jahren währende Geländearbeit von Herrn Dr. RENZ (Basel) hervorheben. In Würdigung dieser Verdienste haben wir ihm dieses Buch gewidmet. Hinzu kamen verschiedene neu entdeckte Arten und Unterarten, insbesondere in den Gattungen *Dactylorhiza, Epipactis* und *Ophrys*. Der wichtigste Teil dieses Feldführers, nämlich das Bildmaterial, wurde fast vollständig erneuert. Die Abbildungen sind fast durchweg in den letzten Jahren entstanden und zeigen die Pflanzen in ihren natürlichen Lebensräumen. Die Bilder zeigen jeweils den Blütenstand oder Einzelblüten sowie den vielfach für die Bestimmung unerläßlichen Habitus der Pflanze. Eine Ausnahme bildet lediglich die Gattung *Ophrys*, bei der die Gestalt der Pflanze keine wesentliche Rolle spielt. In Anbetracht des erweiterten Umfanges an Sippen und der Anordnung in einem besonders handlichen Taschenformat mußten wir leider auf die Wiedergabe von Verbreitungskarten sowie weiterer Informationen (z. B. Nachweise gesicherter Bastarde) verzichten. In absehbarer Zeit soll jedoch ein erweitertes Handbuch der Europäischen Orchideen erscheinen. Dieses Werk wird vollständige Bestimmungsschlüssel unter Einschluß der Arten und Unterarten, eine vollständige Liste der Synonyme, eine Bearbeitung der Orchideenhybriden, völlig neu bearbeitete Raster-Verbreitungskarten und eine für den Artenschutz dringend notwendige Rote Liste enthalten. Wir bedanken uns für die vielfältige Hilfe und Unterstützung, namentlich bei den zahlreichen Freunden des Arbeitskreises Heimische Orchideen Baden-Württemberg (AHO).

Zur Benutzung des Buches

Der Gattungsschlüssel führt mit Hilfe charakteristischer Merkmale, unterstützt durch Bilder typischer Vertreter, rasch und zuverlässig zu der gesuchten Gattung. Im Bestimmungsteil sind die Gattungen aus praktischen Gründen alphabetisch angeordnet. Eine systematische Gliederung hielten wir nicht für zweckmäßig, da die zur Abgrenzung dienenden Merkmale oft nur durch Feinanalyse des Blütenbaues oder der unterirdischen Organe herausgearbeitet werden können. Damit entfällt das Nachschlagen im Register. Mit dem Erkennen der Gattung steht bereits der erste Teil des wissenschaftlichen Namens fest. Als nächsten Schritt zur Artbestimmung vergleiche man die im Gelände zu bestimmende Pflanze unter der zutreffenden Gattung mit den Beschreibungen und Abbildungen im Bestimmungsteil. Die Anordnung der Arten und Unterarten ist nicht alphabetisch. Sie sind vielmehr nach ihrer Ähnlichkeit angeordnet. Der Text enthält zusätzliche Hinweise auf Verwechslungsmöglichkeiten. Bei den großen und selbst für den Kenner schwierigen Gattungen *Dactylorhiza, Epipactis, Ophrys* und *Orchis* setzt eine zuverlässige Bestimmung Erfahrung voraus. Der Feldführer vermag die teilweise erhebliche Variabilität vieler Orchideen nicht in jedem Fall wiederzugeben. Daneben neigt eine ganze Reihe von Arten zur Hybridisierung, bildet bisweilen sogar Bastardschwärme, die häufig genug selbst den Experten Kopfzerbrechen verursachen.

Nomenklatur

Für die genaue Benennung der Pflanzenarten sind die wissenschaftlichen Namen allein maßgebend. Zu der korrekten Wiedergabe des wissenschaftlichen Namens gehört auch die Angabe des Autors, der die Pflanze zuerst beschrieben hat. Wenn ein Autor in Klammern steht, dann wurde diese Art zuerst in einer anderen Gattung oder auf einer anderen Rangstufe beschrieben. Bei einer gekürzten Wiedergabe von Autorennamen sind die international gebräuchlichen Abkürzungen verwendet (z. B. L. für LINNAEUS). Der deutsche Pflanzenname hat nur eine ergänzende Bedeutung. Er stellt zumeist eine Übersetzung des wissenschaftlichen Namens dar. Die verwendete Nomenklatur entspricht dem neuesten Stand der Forschung. Sie stimmt zugleich, von einigen geringfügigen Abweichungen abgesehen, mit den Artenschutzvorschriften der EG (Anhang C1 der Verordnung Nr. 3626/82) und des Bundes (Anlage 2 der Bundesartenschutzverordnung) überein. Das Buch kann deshalb auch als Bestimmungshilfe für den Vollzug der Artenschutzvorschriften verwendet werden. Im Zuge der internationalen Artenschutzgesetzgebung wird eine Vereinheitlichung der Nomenklatur immer drängender. Auf vielfachen Wunsch sind die wichtigsten Synonyme im Bestimmungsteil aufgeführt. Ältere Literatur kann oft nur mit Hilfe dieser Synonyme benutzt werden.

Naturschutz

Alle in diesem Buch aufgeführten Orchideen sind in der Bundesrepublik Deutschland in die strengste Schutzkategorie eingestuft. Dies gilt bei nicht-heimischen Arten selbst dann, wenn sie in ihren Ursprungsländern überhaupt nicht geschützt sind und – wie in der Türkei – selbst heute noch tonnenweise ausgegraben werden. In dem Washingtoner Artenschutzübereinkommen ist die gesamte Familie der Orchideen mit etwa 30 000 Arten aufgeführt. Die EG hat für ihre 12 Mitgliedsstaaten bei den europäischen Arten den Schutz verstärkt. Diese haben in der ganzen EG Handelsverbot. Das deutsche Recht ist noch strenger. Hiernach besteht ein Einfuhrverbot selbst aus EG-Staaten wie Spanien, Italien und Griechenland. Verstöße gegen dieses Einfuhrverbot sind strafbar. Der deutsche Rechtsschutz bedeutet, daß die Pflanzen unter Einschluß von Wurzeln oder Samen weder gepflückt noch ausgegraben werden dürfen. Ferner sind die Orchideenstandorte gegen Biotopschäden beim Fotografieren geschützt. Die Naturfotografie setzt deshalb ein Höchstmaß an behutsamem Umgang mit der Natur voraus. Vielfach sind zum strengen Schutz von Orchideenbiotopen auch Naturschutzgebiete ausgewiesen worden. In diesen Schutzgebieten ist das Verlassen der Wege verboten. Für jeden Naturfreund sollte eine Respektierung dieser Schutzvorschriften eine Selbstverständlichkeit sein.
Allerdings vermögen noch so strenge Gesetze allein den Arten- und Biotopschwund in weiten Teilen von Mitteleuropa nicht aufzuhalten. Notwendig sind vielmehr nicht nur in Europa, sondern weltweit rasche und wirksame Maßnahmen zum Biotopschutz.

Im Juni 1988 — Die Verfasser

Erläuterung der Symbole und Abkürzungen

I/XII **Blütezeit:** Die römischen Ziffern bezeichnen die Monate, in denen die Pflanze blüht. Die Angaben beziehen sich auf das ganze Verbreitungsgebiet.

1200/0 **Höhenverbreitung:** Erfaßt sind die niedersten und die höchsten bekannten Vorkommen im Verbreitungsgebiet. Das Beispiel bedeutet: Von der Küste (0) bis 1200 m.

Lichtgenuß

Offene Biotope: Die Pflanze besiedelt voll besonnte Lebensräume.

Halbschattig: Die Pflanze besiedelt nur teilweise besonnte Biotope.

Schattig: Die Pflanze wächst in Wäldern.

Biotope (Lebensräume)

Feuchtgebiete: Feuchte und nasse Wiesen, Flachmoore, Hangquellmoore, Sümpfe.

Laubwälder aller Art, sommer- und wintergrüne.

Nadelwälder aller Art.

Magerrasen: Ungedüngte oder wenig gedüngte Grasfluren und Wiesen, alpine Rasen.

Gebüsch: Sommer- und wintergrüne Gebüschgesellschaften, Zwergstrauchheiden.

Felsfluren: Steinige und felsige Gesellschaften.

Dünen: Stranddünen-Gesellschaften, feuchte und trockene Dünentälchen.

Abkürzungen

Ä	Ähnliche Art(en)
B	Beschreibung
BN	Bildnachweis
S	Synonym(e)
V	Verbreitung

Für die **Herkunftsangaben** in den Bildnachweisen haben wir die gleichen bzw. ähnliche Abkürzungen gebraucht wie die „Flora Europaea“:
Ag. Algerien, *Al.* Albanien, *An.* Anatolien, *Arm.* Armenien, *Au.* Österreich, *Az.* Azoren, *B.* Baltikum, *Bal.* Balearen, *Be.* Belgien, *Br.* Großbritannien, *Bu.* Bulgarien, *C.* Mittelrußland, *Cauc.* Kaukasus, *Cil.* Zilizien, *Co.* Korsika, *Cr.* Kreta, *Cyp.* Zypern, *Cz.* Tschechoslowakei, *Da.* Dänemark, *E.* Ostrußland, *Fe.* Finnland, *Ga.* Frankreich, *Ge.* Deutschland, *Gr.* Griechenland, *Hb.* Irland, *He.* Schweiz, *Ho.* Niederlande, *Hs.* Spanien, *Hu.* Ungarn, *Is.* Island, *It.* Italien, *Ju.* Jugoslawien, *K.* Krim, *Lu.* Portugal, *Ma.* Marokko, *No.* Norwegen, *Pa.* Palästina, *Pe.* Persien (Iran), *Po.* Polen, *Pont.* Pontus, *Rm.* Rumänien, *Rs.* Europäische Sowjetunion, *Sib.* Sibirien, *Sa.* Sardinien, *Si.* Sizilien, *Su.* Schweden, *Syr.* Syrien, *Tn.* Tunesien, *Tu.* Türkei, *Transc.* Transkaukasien, *W.* Westrußland.

Erläuterungen von Fachausdrücken

Anhängsel	Teil der *Ophrys*-Blüte: kleine Spitze am vorderen Ende
Anthere	Staubbeutel
Areal	Verbreitungsgebiet
Art	taxonomische Grundrangstufe
ausgerandet	Form der Lippe, am Rande mit kleinen Buchten oder Einschnitten
autogam	selbstbestäubend
Basalfeld	umrandete farbige Fläche am Grunde der Lippe
Bastard	Kreuzung zwischen zwei Elternarten
Biotop	Lebensraum, Standort
Braktee	Tragblatt
einseitswendig	Blüten nach einer Richtung ausgerichtet
endemisch	Verbreitung auf ein bestimmtes Gebiet beschränkt
Epichil	Vorderer Teil der Lippe
fertil	fruchtbar
Gattung	höhere taxonomische Rangstufe
Habitus	Gestalt der Pflanze
Helm	zusammenneigende Perigonblätter
Hybrid	Bastard, Kreuzung
Hypochil	hinterer Teil der Lippe
intermediär	die Mittelstellung einnehmend (bei Bastarden)
interspezifisch	zwischen zwei Arten (Bastard)
Konnektiv	oberer Teil der Säule
Labellum	Lippe, zumeist als großes, buntes Blütenblatt ausgebildet
Mal	Zeichnung auf der Lippe
mediterran	zum Mittelmeergebiet gehörig
Narbe	Teil der Blüte zur Aufnahme der Pollen
Nomenklatur	wissenschaftliche Benennung der Pflanzen
Papillen	Ausstülpungen auf der Oberfläche der Lippe
Perigon	Blütenblätter
Petalen	innere Blütenblätter
Pollinien	Pollenpakete
Population	alle Individuen eines bestimmten Wuchsortes
Rosette	Anhäufung von Blättern am Grunde des Stengels
Rostellum	Klebdrüse am oberen Teil der Narbe
Sepalen	äußere Blütenblätter
Sippe	taxonomische Einheit unabhängig von ihrer Rangstufe (z. B. Art, Unterart)
Sporn	Anhang der Lippe
Standort	Lebensraum der Pflanze
Subspezies	Unterart, taxonomische Rangstufe unterhalb der Art
Staminodium	seitlicher Teil der Säule
Synonym	gleichbedeutender jüngerer Name
Taxonomie	systematische Ordnung der Pflanzen
Varietät	Abart, taxonomische Rangstufe unterhalb der Unterart

Benutzung des Schlüssels

Der Schlüssel ist nach gegensätzlichen Merkmalen aufgebaut. Es ist jeweils eine Ja-Nein-Entscheidung zu treffen, welches Merkmal auf die zu bestimmende Pflanze zutrifft. Die Bestimmung beginnt bei Ziffer 1. Die Ziffern auf der rechten Seite geben an, an welcher Stelle des Schlüssels die Bestimmung fortzusetzen ist. Die in Klammern stehenden Ziffern erlauben es, das Bestimmungsergebnis rückwärts zu kontrollieren. Die Bestimmung führt zum Gattungsnamen. Anschließend muß die ermittelte Gattung im Bestimmungsteil aufgeschlagen werden. Der Artname ergibt sich durch Vergleich der Pflanze mit den Beschreibungen und Abbildungen.

Der wissenschaftliche Pflanzenname ist binär (zweigliedrig), z.B. *Ophrys lutea*. Der 1. Teil (*Ophrys*) stellt den Gattungsnamen dar; der 2. Teil wird Artepitheton genannt. Der Artname lautet also *Ophrys lutea*. Unterarten werden mit subsp. (subspecies = Unterart) bezeichnet, z.B. „subsp. *lutea*". Die Unterart, die das Artepitheton wiederholt (*Ophrys lutea* subsp. *lutea*), wird Nominatsippe genannt. Im Gegensatz zur Zoologie ist in der Botanik der Gebrauch des Fachausdrucks „subsp." vorgeschrieben. Die Unterart darf deshalb nicht „*Ophrys lutea lutea*" genannt werden.

Bestimmungsbeispiel

Cypripedium: Pflanzen dieser Gattung haben grüne Blätter (**1b**), so daß die Bestimmung bei Ziffer **5** fortzusetzen ist. Die Blüten haben keinen Sporn (**5a**), die Lippe ist schuhförmig (**6a**), und am Stengel ist mehr als 1 Blatt (**7b**). Die für die Bestimmung wichtigen Merkmale sind auf den Abbildungen stets deutlich zu erkennen.

Schlüssel zum Bestimmen der 38 Orchideengattungen

Die Familie der Orchideen wird von den meisten Systematikern in 5 Unterfamilien gegliedert. Für die Ordnung der rund 30000 Arten sind auf den höheren Rangstufen sog. konservative Merkmale maßgebend. Hierzu gehören vor allem die Feinstruktur der Befruchtungsorgane und bestimmte vegetative Merkmale wie die Wurzelsysteme. Diese systematisch wichtigen Merkmale sind aber für einen Feldführer vielfach ungeeignet.

Die Orchideen haben mit ihrer erstaunlichen Mannigfaltigkeit der Blütenformen wahrscheinlich fast alle der gegebenen morphologischen Möglichkeiten ausgeschöpft. Form, Farbe und Größe von Blüten stellen bei den Orchideen keine konservativen Merkmale dar, weil sie sich im Laufe der Evolution unter dem unmittelbaren Druck der Selektion an bestimmte Biotope und ökologische Bedingungen am stärksten anpassen mußten. Ein Gattungsschlüssel in einem Feldführer muß sich aber vorwiegend auf solche Merkmale stützen. Er gibt deshalb nicht den Stand der wissenschaftlichen Systematik wieder.

Schlüssel

1a Pflanze ohne grüne Blätter **2**
b Pflanze mit einem oder mehr grünen Blättern **5**

2a (1a)Blüten mit Sporn **3**
b (1a) Blüten ohne Sporn **4**

3a (2a) Sporn und Lippe aufwärts gerichtet; Stengel blaßgelb: **Epipogium,** S. 78
b (2a) Sporn abwärts gerichtet; Stengel violett: **Limodorum,** S. 88

4a (2b) Stengel und Blüten gelblichbraun: **Neottia,** S. 94
b (2b) Stengel gelbgrün; Blüten gelblich: **Corallorrhiza,** S. 26

5a (1b) Blüten ohne Sporn **6**
b (1b) Blüten mit Sporn **20**

6a (5a) Lippe über 2 cm groß, schuhförmig ausgehöhlt **7**
b (5a) Lippe nicht schuhförmig **8**

7a (6a) Stengel kahl mit 1 Blüte (mit spornartiger Ausbuchtung) und 1 grundständigem Blatt: **Calypso,** S. 18
b (6a) Stengel grün, oberwärts behaart, mit 2–4 Blättern: **Cypripedium,** S. 28

8a (6b) Lippe samtartig behaart mit auffälliger Malzeichnung: **Ophrys,** S. 98
b (6b) Lippe nicht samtartig und ohne Malzeichnung **9**

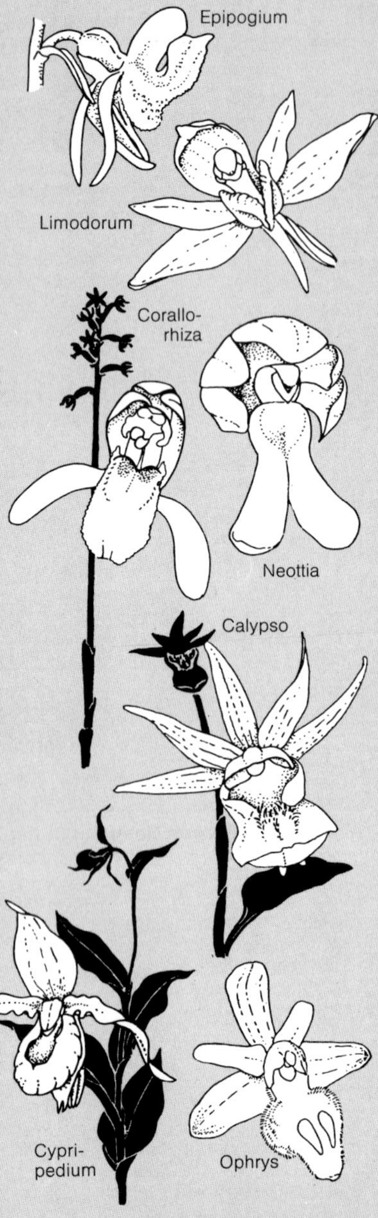

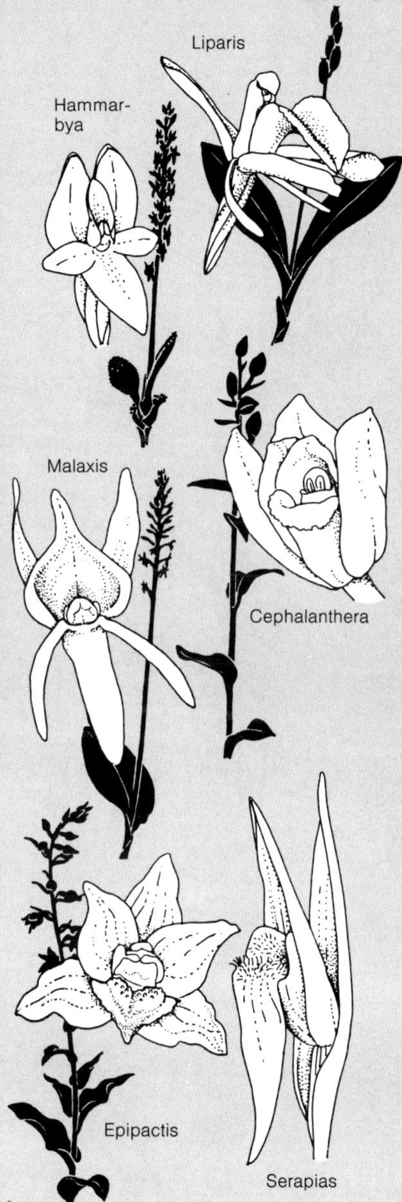

9a (8b) Lippe aufwärts gerichtet **10**
b (8b) Lippe vorwärts oder abwärts gerichtet **12**

10a (9a) Lippe und Petalen sehr klein, etwa halb so lang wie die Sepalen; Laubblätter bis 3 cm lang: **Hammarbya,** S. 82
b (9a) Lippe etwa so lang wie die Sepalen; Laubblätter über 3 cm lang **11**

11a (10b) Lippe rinnig, sichelförmig gebogen; 2 grundständige, fettglänzende Laubblätter: **Liparis,** S. 88
b (10b) Lippe eiförmig; Blütenstand vielblütig; 1 grundständiges Laubblatt: **Malaxis,** S. 92

12a (9b) Lippe in Hinterteil (Hypochil) und flaches Vorderteil (Epichil) geteilt **13**
b (9b) Lippe nicht 2teilig **15**

13a (12a) Hypochil mit aufgerichteten Seitenlappen, zum größten Teil in dem geschlossenen Perigonhelm; Epichil zungenförmig, herabhängend; Tragblätter gefärbt, geadert: **Serapias,** S. 172
b (12a) Hypochil ohne aufgerichtete Seitenlappen **14**

14a (13b) Blüten aufgerichtet, zumeist geschlossen, weiß bis rosa (3 ostmediterrane Arten mit Sporn): **Cephalanthera,** S. 20
b (13b) Blüten abstehend bis hängend, glockenförmig geöffnet; Hypochil schüsselförmig, innen dunkler: **Epipactis,** S. 62

15a (12b) Blüten spiralig angeordnet, weiß bis gelblich, röhrenförmig bis glockig **16**
b (12b) Blüten nicht spiralig **17**

16a (15a) Laubblätter netzartig genervt; Perigonblätter außen drüsig behaart, glockig: **Goodyera,** S. 78
b (15a) Laubblätter mit parallelen Nerven; Blüten bilden eine waagrechte, geschlossene Röhre: **Spiranthes,** S. 180

17a (15b) Pflanze mit grasartigen, grundständigen Laubblättern; Stengel blattlos; Blüten klein, gelbgrün: **Chamorchis,** S. 24
b (15b) Blütenstengel beblättert **18**

18a (17b) Laubblätter zahlreich; Perigonblätter helmförmig; Lippe herabhängend, 4zipfelig, am Grunde mit 2 Schwielen: **Aceras,** S. 16
b (17b) Blütenstengel mit 2 Blättern **19**

19a (18b) Blüten nickend, glokkenförmig, an den Spitzen auswärts gebogen, gelbgrün; Lippe mit spitzem, ungeteiltem Mittellappen: **Herminium,** S. 82
b (18b) Pflanze gegen den Grund mit 2 gegenständigen Blättern; Fruchtknoten rund, aufgeblasen; Perigon weit offen: Lippe zungenförmig, 2teilig: **Listera,** S. 90

20 (5b) Blüten mit Sporn **21**

21a (20) Blüten aufgerichtet, zumeist geschlossen, weiß bis rosa: **Cephalanthera,** S. 20 (Abb. S. 11)
b (20) Blüten nicht aufgerichtet **22**

22a (21b) Lippe schuhförmig ausgehöhlt **23a**
b (21b) Lippe nicht schuhförmig **23b**

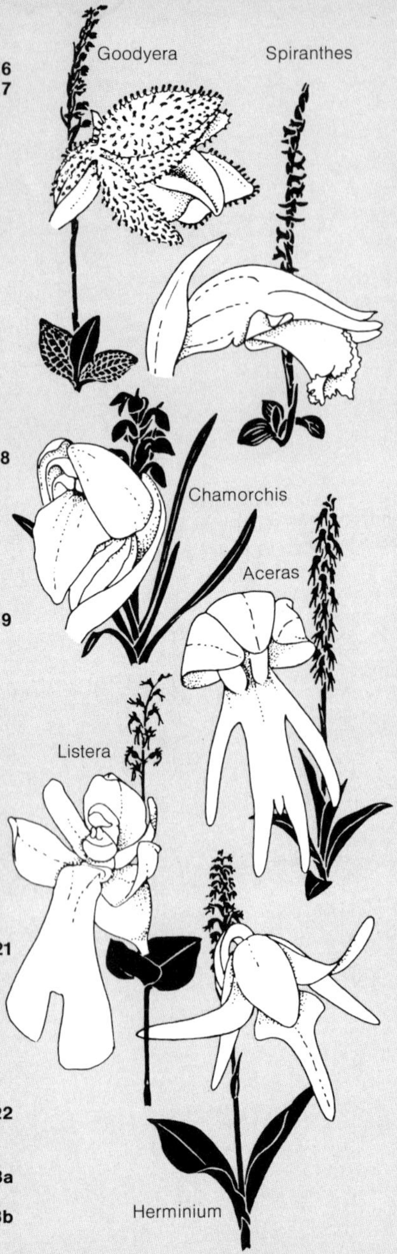

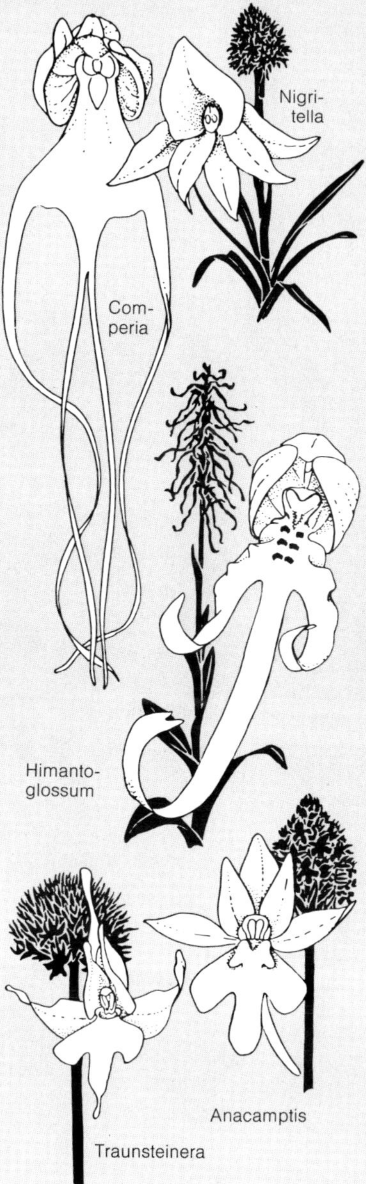

23a (22a) Stengel mit 1 Blüte und 1 grundständigem Blatt: **Calypso,** S. 18 (Abb. S. 10)
b (22b) Pflanze vielblütig **24**

24a (23b) Lippe nach oben gerichtet **25**
b (23b) Lippe vorwärts oder abwärts gerichtet **26**

25a (24a) Stengel blattlos, blaßgelb: **Epipogium,** S. 78 (Abb. S. 10)
b (24a) Pflanze mit grünen Laubblättern; Blütenstand kurz, gedrungen; Lippe ungeteilt: **Nigritella,** S. 94

26a (24b) Stengel violett, ohne grüne Blätter: **Limodorum,** S. 88 (Abb. S. 10)
b (24b) Stengel nicht violett **27**

27a (26b) Lippe mit mindestens 15 mm langen Zipfeln **28**
b (26b) Lippe ohne auffällige Zipfel **29**

28a (27a) Lippe 3teilig, Mittellappen lang ausgezogen und meist spiralig gedreht: **Himantoglossum,** S. 84
b (27a) Lippe in 4 fadenförmige, bis zu 10 cm lange Zipfel ausgezogen: **Comperia,** S. 26

29a (27b) Perigonblätter mit verlängerten Zipfeln, die keulenförmig verdickt sind; Blätter am Stengel verteilt; Blütenstand kugelig: **Traunsteinera,** S. 182
b (27b) Perigon ohne keulige Zipfel **30**

30a (29b) Lippe am Grunde mit 2 senkrechten Längsleisten; Blütenstand anfangs pyramidenförmig, später eiförmig: **Anacamptis,** S. 16
b (29b) Lippe am Grunde ohne Längsleisten **31**

31a (30b) Blüten einseitswendig **32**
b (30b) Blüten allseitswendig **33**

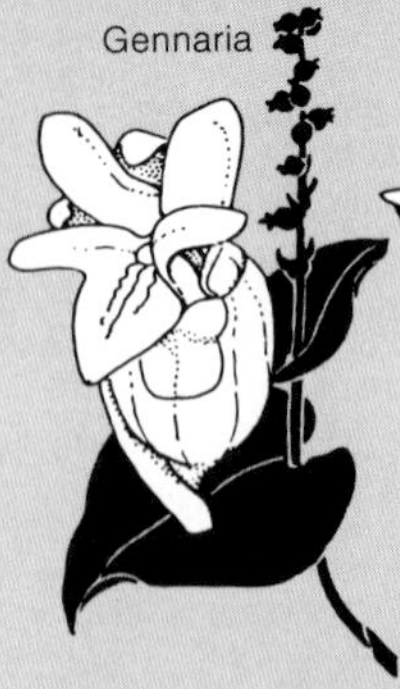

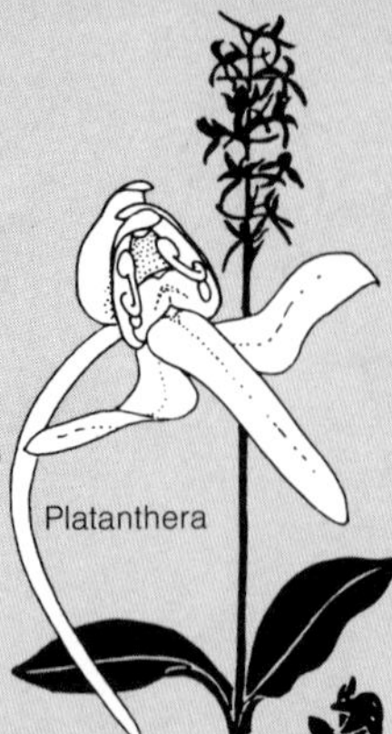

32a (31a) Pflanze mit 2 grundständigen Laubblättern; Perigon helmförmig; Blüten rosa: **Neottianthe,** S. 92

b (31a) Pflanze mit 2 großen Laubblättern, am Stengel mit deutlichem Abstand; Perigon glockig; Blüten gelblichgrün: **Gennaria,** S. 78

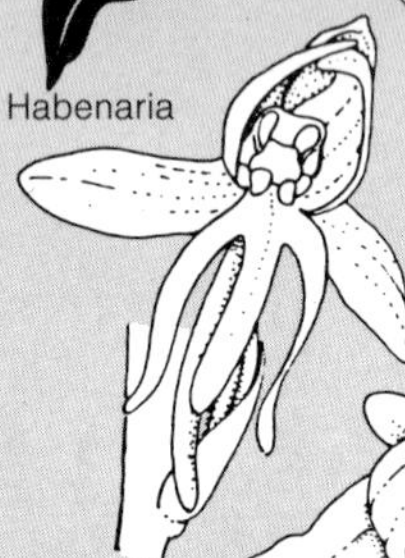

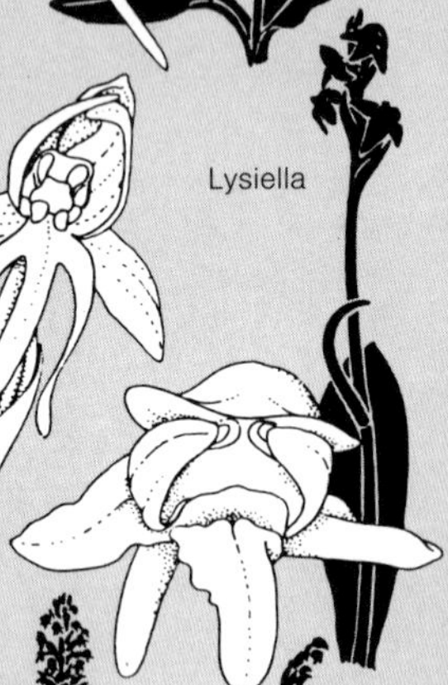

33a (31b) Lippe zungenförmig, ungeteilt **34**

b (31b) Lippe deutlich geteilt **35**

34a (33a) Pflanze mit 1 grundständigem Laubblatt; Blüten grünlichweiß: **Lysiella,** S. 90

b (33a) Pflanze mit 2 bis mehreren Laubblättern; Blüten weiß bis grün: **Platanthera,** S. 166

35a (33b) Lippe tief 3zipfelig **36**

b (33b) Lippe vorne 3zipfelig **37**

36a (35a) Pflanze am Grunde mit 2 glänzenden Laubblättern; Blütenstengel ohne Blätter; Sporn so lang wie der Fruchtknoten: **Habenaria,** S. 82

b (35a) Laubblätter am Stengel verteilt; Blüten klein, glockig; Sporn sehr kurz: **Pseudorchis,** S. 172

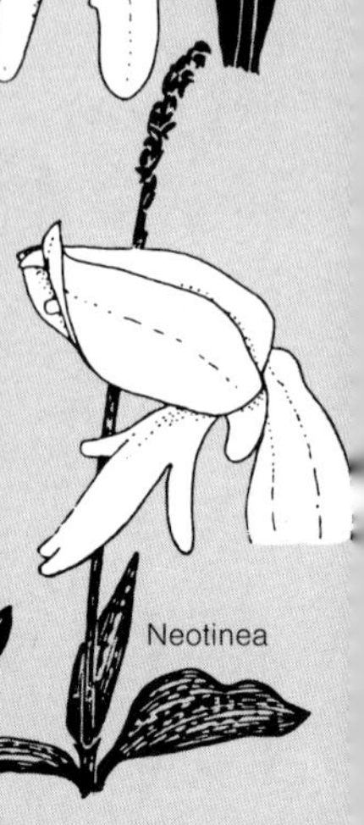

37a (35b) Laubblätter gefleckt; Blüten sehr klein, weiß bis rosa; Perigon keulenförmig: **Neotinea,** S. 92

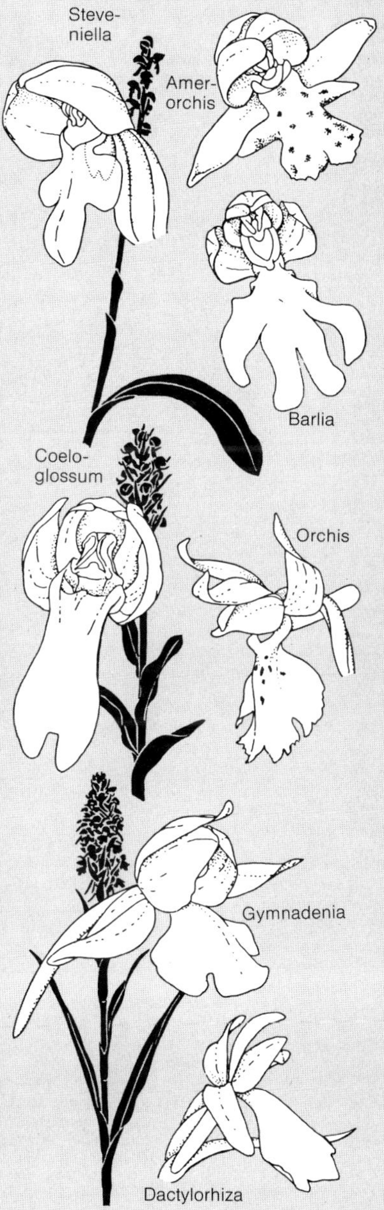

b (35b) Lippe 3lappig, Mittellappen vorgezogen, ungeteilt **38**

38a (37b) Pflanze am Grunde mit 1 rotbraunem Laubblatt; Perigon helmförmig; Sporn vorne zweigeteilt: **Steveniella,** S. 182

b (37b) Lippe 3lappig, Mittellappen vorgezogen, vorne ausgerandet **39**

39a (38b) Pflanze am Grunde mit 1 grünem Laubblatt; Lippe weiß, purpurn punktiert: **Amerorchis,** S. 16

b (38b) Lippe vorne 2zipfelig **40**

40a (39b) Laubblätter am Stengel verteilt; Lippe herabhängend; Sporneingang durch Leisten und Lamellen fast verschlossen: **Coeloglossum,** S. 26

b (39b) Lippe groß, vorne 2lappig **41**

41a (40b) Pflanze mast; mit zahlreichen Laubblättern; Perigon helmförmig, innen rötlich punktiert; Lippe bis 2 cm lang: **Barlia,** S. 18

b (40b) Lippe kleiner, vorne 3lappig bis ungeteilt **42**

42a (41b) Blütenähre dicht- und kleinblütig; seitliche Sepalen waagrecht abstehend: **Gymnadenia,** S. 80

b (41b) Seitliche Sepalen anders gerichtet **43**

43a (42b) Wurzeln 2 runde Knollen; Blütentriebe bis zum Aufblühen scheidig eingehüllt; Stengel mit mehreren Blättern; Blüten verschieden gestaltet: **Orchis,** S. 132

b (42b) Wurzeln fingerförmig gespalten; Blütentriebe vom Austrieb an offen; Stengel mit mehreren Blättern; Tragblätter krautig, meist violett überlaufen; Blüten verschieden gestaltet: **Dactylorhiza,** S. 30

III
VI

Áceras anthropóphorum (L.) W. T. AITON
Menschenähnlicher Ohnsporn

S: *Ophrys anthropophora* L.

B: Pflanze 10–40 cm hoch. Stengel kahl, beblättert. Untere Laubblätter am Grunde rosettig gehäuft, obere Stengelblätter den Stengel scheidig umfassend, länglich-lanzettlich, bis 15 cm lang und 2,6 cm breit, ungefleckt. Blütenstand zylindrisch, bis 20 cm lang, locker bis dicht vielblütig (bis zu 60 Blüten). Tragblätter lanzettlich, hellgrün, kürzer als der Fruchtknoten. Sepalen eiförmig, 5–

VII
VIII

Ámerorchis rotundifólia (BANKS ex PURSH) HULTÉN
Rundblättriges Amerika-Knabenkraut

S: *Orchis rotundifolia* BANKS ex PURSH, *Platanthera rotundifolia* (BANKS ex PURSH) LINDL.

B: Pflanze 5–35 cm hoch. Stengel aufrecht, kahl, oben rinnig. Nur 1 Laubblatt, grundständig, dunkelgrün, eiförmig bis rundlich, den Stengel scheidenförmig umfassend, 6–10 cm lang, 7 cm breit. Blütenstand kurz, 1–16blütig, rosa-rot, Lippe weiß mit purpurnen Punkten. Tragblätter lanzettlich, so lang wie der Fruchtknoten, 10 mm lang, 3 mm breit.

III
VII

Anacámptis pyramidális (L.) RICH.
Pyramidenorchis

S: *A. urvilleana* SOMMIER & GATTO, *A. tanayensis* (CHENEVARD) SOÓ

B: Pflanze 20–80 cm hoch. Laubblätter 4–10, nach oben verkleinert, schmallanzettlich, 8–25 cm lang, 1–2 cm breit, oft rinnig gefaltet. Blütenstand kegelbis eiförmig, 2–10 cm lang, dichtblütig. Blüten dunkelrot, lila, rosa, weißlich. Tragblätter lanzettlich, rötlich, fast so lang wie der Fruchtknoten. Sepalen abstehend, lanzettlich, 4–8 mm lang. Pe-

8 mm lang, 2,5–5 mm breit, grün mit rotem Rand, mit den lanzettlichen Petalen einen halbkugeligen Helm bildend. Lippe gelbgrün bis rotbraun, 12–15 mm lang, hängend, am Grunde mit 2 Wülsten, ohne Sporn, tief 3lappig. Mittellappen etwa 1 mm breit, vorne tief spreizend gespalten, oft mit kleinem Zahn. Seitenlappen schmäler, allmählich zugespitzt, $^{2}/_{3}$ bis $^{3}/_{4}$ so lang wie der Mittellappen.
V: (Sub)mediterran, atlantisch
Ä: *Orchis italica* (Blüten rosa)
BN: 20. 4. 87, Bonifacio (S-Co.), H.B.

2000

0

Sepalen länglich-eiförmig, 10 mm lang, 5 mm breit, die seitlichen abstehend. Petalen eiförmig-elliptisch, 5–6 mm lang, 2–3 mm breit, mit dem mittleren Sepal helmförmig zusammenneigend. Lippe dreilappig, 6–10 mm lang, 4–8 mm breit. Mittellappen groß, ausgebreitet, vorne gekerbt oder 2lappig. Seitenlappen eiförmig abstehend. Sporn schmal, abwärts gerichtet, 5 mm lang, 1 mm breit.
V: Süd-Grönland, Nordamerika
Ä: Unverwechselbar
BN: l: N. Jacobsen, Herkunft Grönland; r: Sonderheft „Die Orchidee" (1977), Aufnahme Christensen

100

0

talen kürzer, aufgerichtet. Lippe tief 3lappig, 6–9 mm lang und breit, vor dem Sporneingang mit 2 Längsleisten. Lippenlappen lineal bis eiförmig, Seitenlappen abstehend, kürzer als der Mittellappen. Sporn dünn, fadenförmig, 10–15 mm lang, abwärts gerichtet, etwa so lang wie der Fruchtknoten.
V: Europa, N-Afrika, Kleinasien
Ä: *Gymnadenia conopsea* (auf Längsleisten am Sporneingang achten!)
BN: l: 9. 4. 85, Paphos (SW-Cyp.); r: 28. 5. 81, Mardin (E-Tu.), H.B.

2400

0

XII/II

Bárlia metlesicsiána TESCHNER
Metlesics' Mastorchis, Barlie

B: Pflanze kräftig, 40–60 cm hoch. Laubblätter 6–8, am Stengel gleichmäßig verteilt, nicht glänzend, eiförmig-lanzettlich, zugespitzt, 7–20 cm lang, 2–7 cm breit, obere Stengelblätter aufgerichtet-abstehend. Blütenstand 8–16 cm lang, dicht- und vielblütig, länglich. Blütenfarbe purpurn. Lippe ohne Grün. Perigonblätter helmförmig zusammenneigend, innen grob rotpunktiert. Sepalen eiförmig, 8–12 mm lang, 5–6 mm breit. Petalen zungenförmig, 8–9 mm lang, 3–4 mm breit. Lippe 3lappig, 16–

I/V

Bárlia robertiána (LOISEL.) W. GREUTER
Roberts Mastorchis, Barlie

S: *B. longebracteata* PARL., *Himantoglossum longebracteatum* SCHLECHTER (nom. illeg.)

B: Pflanze sehr kräftig, 25–80 cm hoch. Laubblätter 5–10, am Grunde rosettig gehäuft, glänzend, länglich-eiförmig, 8–30 cm lang, 4–10 cm breit, nach oben 3–4 scheidige Stengelblätter. Blütenstand zylindrisch, 8–25 cm lang, dicht- und reichblütig. Blüten grünlichweiß, schmutzig grün, braunrot bis purpurn.

V/VI

Calýpso bulbósa (L.) OAKES
Knollige Calypso, Norne

S: *C. borealis* SALISB., *C. americana* R. BR.

B: Pflanze zierlich, 8–20 cm hoch. Am Grunde ein Stengelblatt, oval, 2–7 cm lang, am Rande leicht gewellt, oberseits dunkelgrün, unterseits purpurn. Am unteren Stengelteil sind bräunliche Blattscheiden. An der Blütenstandsachse ein aufwärts gerichtetes, lanzettliches, rosa Tragblatt. Am Stengel eine Blüte,

22 mm lang, 10–19 mm breit. Mittellappen 7–10 mm lang, vorne schwach zweilappig, oft mit kleinem Zahn. Seitenlappen dreieckig bis rhombisch, flach ausgebreitet, am Rande nur schwach wellig. Die unteren Tragblätter 4 cm lang, die Blüten überragend. Sporn abwärts gerichtet, 5–6 mm lang, konisch.
V: Kanarische Inseln (Teneriffa), vom Aussterben bedroht
Ä: *B. robertiana* (Blätter rosettig)
BN: l: 5. 1. 87, Santiago, H. Läpple; r: 25. 1. 86, Santiago (Teneriffa), M. Bayer

1100

900

Tragblätter lanzettlich, krautig, die unteren länger als die Blüten. Perigonblätter helmförmig zusammenneigend, grün, innen rötlich punktiert. Sepalen eiförmig, 10–15 mm lang, 5–9 mm breit. Petalen lineal, kürzer als die Sepalen. Lippe 3lappig, 13–20 mm lang. Mittellappen vorgezogen, vorne 2lappig, rundlich. Seitenlappen am Rande gewellt. Sporn 4–6 mm lang, konisch, abwärts gerichtet.
V: Mediterran
Ä: *B. metlesicsiana* (Blätter am Stengel verteilt)
BN: l: 10. 4. 85, Skoulli (Cyp.); r: 5. 4. 83, Sami (Kefallinia), H.B.

1700

0

ziemlich groß, rosa bis violett. Perigonblätter abstehend, lineal-lanzettlich, 1–2 cm lang. Lippe 1–2 cm, zweiteilig. Vorderlippe weißlich bis rosa mit gelben Streifen und gelben Haarbüscheln. Der hintere Teil bildet eine nach oben geöffnete Höhlung mit braunen Streifen. Sporn sackförmig, gegen die Spitze fadenförmig, vorne gespalten.
V: Skandinavien, Rußland
Ä: *Cypripedium* (Lippe anders, mehr Blätter)
BN: 8. 6. 83, Vilmyran (Su.), W. Schmidt

3000

0

V/VI

Cephalanthéra cuculláta Boiss. & Heldr. ex Rchb. fil.
Kretisches Waldvögelein

S: *Epipactis cucullata* (Boiss. & Heldr. ex Rchb. fil.) Wettst.

B: Pflanze einzeln oder seltener büschelig, 15–30 cm hoch. Stengel hin und her gebogen, oben kantig, vom Grunde an beblättert. Blätter kurz, 2,5–6 cm lang, kapuzenförmig, dunkelgrün, ohne Unterbrechung in die Tragblätter übergehend. Blütenstand langgestreckt, 4–15 cm lang, oft über die Hälfte

III/VI

Cephalanthéra epipactoídes Fisch. & C. A. Meyer
Weißgesporntes Waldvögelein

B: Pflanze 20–60 cm hoch. Stengel dick, rund, bleichgrün, beblättert, oberwärts fein gerippt. Blätter bläulichgrün, am Stengel verteilt, die unteren kurz (bis zu 6 cm lang) und tütenförmig, die oberen rinnig und spitz. Blütenstand länger als der beblätterte Stengelteil, 10–25blütig. Blüten weiß bis grünlichgelb, meist weit geöffnet. Sepalen schmal-lanzettlich, allmählich zuge-

III/VI

Cephalanthéra kúrdica Bornm.
Kurdisches Waldvögelein

S: *C. andrusi* G. Post, *C. floribunda* Woronow, *Limodorum turkestanicum* Litwinow

B: Pflanze 10–60 cm hoch. Stengel steif, rund, oberwärts gerippt. Blätter am Stengel verteilt, elliptisch bis eiförmig-lanzettlich, zugespitzt, 2,5–5 cm lang, 1–2,5 cm breit. Blütenstand verlängert, 6–40 cm lang, beginnt bisweilen kurz über dem Boden, reich- bis vielblütig. Blüten hellrosa, mäßig bis stark geöffnet. Sepalen länglich-lanzettlich, etwas zugespitzt, 20–32 mm lang, 5–10 mm

des Stengels einnehmend, 4–30blütig. Blüten zart rosa bis rahmgelb, geöffnet. Sepalen lanzettlich-oval, 14–20 mm lang, 4–7 mm breit. Petalen eiförmig, etwas kürzer. Lippe 11–13 mm lang, 7–9 mm breit, geteilt. Hinterlippe mit abgerundeten Seitenlappen. Vorderlippe herzförmig, kahnförmig aufgewölbt mit 4–7 dottergelben Lamellen. Sporn deutlich sichtbar, 2 mm lang, stumpf.
V: Nur auf Kreta, fast erloschen
Ä: *C. epipactoides, C. kurdica* (Sporn länger, fehlen auf Kreta)
BN: 4. 6. 86, Kamares (Cr.), H.B.

1500
800

spitzt, 25–36 mm lang, 4–7 mm breit. Petalen breit-lanzettlich, lang zugespitzt, 18–25 mm lang, 5–8 mm breit. Hinterlippe mit hochgeschlagenen Seitenlappen. Vorderlippe dreieckig-lanzettlich, mit 7–8 Lamellen. Tragblätter unten länger als die Blüten, rinnig, oberwärts etwa so lang wie die Blüten. Sporn deutlich sichtbar, 3–4 mm lang, zugespitzt.
V: Nordostgriechenland, Kleinasien (Türkei)
Ä: *C. cucullata, C. kurdica*
BN: 15. 5. 80, Gelibolu (SW-Tu.), H.B.

1500
0

breit. Petalen eiförmig bis breit-lanzettlich. Lippe deutlich geteilt in eine hellrosa Hinterlippe mit abgerundeten Seitenlappen und in eine weißlichgelbe Vorderlippe. Vorderlippe rundlich-eiförmig, 9–10 mm lang, 6–10 mm breit, mit 3–6 braungelben gekräuselten Lamellen. Tragblätter lanzettlich, bis zu 5 cm lang, die unteren länger als die Blüten, die oberen etwa so lang wie die Blüten. Sporn konisch, stumpf, 4 mm lang, deutlich nach außen gebogen.
V: Vorderasien (Türkei)
Ä: *C. epipactoides, C. rubra*
BN: 25. 5. 81, Gülek (S-Tu.), H.B.

2100
700

V/VII

Cephalanthéra damasónium (MILL.) DRUCE
Weißes Waldvögelein

S: *C. alba* SIMONK., *C. grandiflora* S. F. GRAY, *C. lonchophylla* (L. fil.) MANSF.

B: Pflanze 20–60 cm hoch. Stengel kahl, steif. Blätter 2–4, am Stengel verteilt, oval bis lanzettlich, 5–10 cm lang, zumeist flach ausgebreitet. Blütenstand bis zu 15 cm lang, locker 4–12blütig. Blüten aufwärts gerichtet, weiß bis gelblich, ziemlich geschlossen. Sepalen länglich-lanzettlich, 15–20 mm lang und 5–8 mm breit, stumpf. Petalen kür-

V/VII

Cephalanthéra kotschyána RENZ & TAUBENHEIM
Kotschys Waldvögelein

B: Pflanze 30–60 cm hoch. Stengel aufrecht, kahl. Unten 2–3 bräunliche Scheidenblätter, oben 3–6 grün gefärbte Laubblätter, eiförmig, zugespitzt, 6–10 cm lang, 2–5 cm breit, seitlich abstehend, an der Spitze leicht überhängend. Blütenstand ausladend, langgestreckt, dicht und vielblütig, 8–20 cm lang, bis zu 7 cm breit. Tragblätter unten bis zu 7 cm lang, nach oben nur noch 1–3 cm lang und deutlich kürzer als die Blüten. Blüten groß, rein weiß

III/VII

Cephalanthéra longifólia (L.) FRITSCH
Schwertblättriges Waldvögelein

S: *C. xiphophylla* (L. fil.) RCHB. fil., *C. ensifolia* RICH.

B: Pflanze 10–60 cm hoch. Stengel dicht beblättert. Blätter 4–12, abstehend bis überhängend, schmal-lanzettlich, oft rinnig gefaltet, bis zu 18 cm lang, 1–4 cm breit. Blütenstand bis zu 20 cm lang, locker bis ziemlich dicht, wenig- bis vielblütig. Blüten rein weiß, etwas geöffnet. Sepalen lanzettlich, 14–18 mm lang,

zer, 12–17 mm lang. Lippe kürzer als die Perigonblätter, 12 mm lang. Hinterlippe mit abgerundeten Seitenlappen, die die Säule umhüllen, am Grunde mit einem gelben Flecken. Vorderlippe herzförmig, breiter als lang, mit 3 orangegelben Streifen. Untere Tragblätter in Form und Größe wie die Stengelblätter, obere schmal-lanzettlich, wenig länger als der Fruchtknoten. Sporn fehlt.
V: Europa, Vorderasien
Ä: *C. longifolia, C. kotschyana*
BN: l: 10. 6. 81, Stammheim (S-Ge.);
r: 1. 6. 84, Borzhomi (Cauc.), H.B.

1800

0

gefärbt, ziemlich geöffnet. Sepalen länglich-lanzettlich, 20–25 mm lang, 6–7 mm breit, zugespitzt. Petalen elliptisch, stumpf. Lippe 16 mm lang, 15 mm breit, ungespornt. Hinterlippe weiß, am Grunde gelb, die aufgerichteten Seitenlappen schließen die Säule ein. Vorderlippe weiß, breit herzförmig, 8–10 mm lang, 14 mm breit, am Rande leicht gewellt, mit 3 Lamellen, in der Mitte goldgelb und behaart.
V: Mittlere und östliche Türkei
Ä: *C. damasonium, C. longifolia*
BN: l: 29. 5. 81, Tunceli;
r: 5. 7. 78, Pülümür Gecidi (E-Tu.), H. B.

1800

700

4–6 mm breit. Petalen oval, 10–12 mm lang, 5 mm breit. Lippe aufgerichtet. Hinterlippe weiß mit orangegelben Flecken am Grunde und mit aufgerichteten Seitenlappen. Vorderlippe weiß mit 4–6 orangegelben Leisten. Sporn fehlt. Untere Tragblätter schmal-lanzettlich, 2–10 cm lang, nach oben sehr klein (2–5 mm lang) werdend.
V: Europa, Nordafrika, Kleinasien
Ä: *C. damasonium, C. kotschyana*
BN: l: 20. 5. 83, Chambery (SE-Ga.);
r: 23. 5. 80, Las Majadas (Hs.), H.B.

3300

0

IV/VI

Cephalanthéra caucásica KRÄNZL.
Kaukasisches Waldvögelein

S: *C. acuminata* LEDEB. (nom. illeg.)

B: Pflanze 20–60 cm hoch. Stengel hin und her gebogen, dicht beblättert. Laubblätter 7–9, abstehend bis zurückgebogen, die unteren eiförmig-elliptisch, 5–20 cm lang, 4–7 cm breit, die oberen länglich-lanzettlich. Blütenstand dicht, vielblütig, 5–20 cm lang. Blüten groß, rein weiß, ziemlich geöffnet, ohne Sporn. Untere Tragblätter laubblattähnlich, bis zu 10 cm lang,

V/VIII

Cephalanthéra rúbra (L.) RICH.
Rotes Waldvögelein

S: *Epipactis atropurpurea* RAF.

B: Pflanze 10–60 cm hoch. Stengel im oberen Teil dicht drüsig behaart. Blätter 3–6, entferntstehend, lanzettlich, 5–10 cm lang, 1–3 cm breit. Blütenstand bis zu 20 cm lang, 4- bis 15blütig, locker. Blüten rosa, ziemlich geöffnet. Sepalen länglich-lanzettlich, 20–25 mm lang, 6–8 mm breit. Petalen eiförmig-lanzettlich, 18–20 mm lang, 7–9 mm breit. Lippe

VI/VIII

Chamórchis alpína (L.) RICH.
Alpen-Zwergorchis

S: *Chamaeorchis alpina* (L.) RICH.

B: Pflanze 5–15 cm hoch. Blätter grundständig, grasartig, schmal, rinnig gefaltet, oft so lang wie der Blütenstand. Tragblätter so lang wie der Fruchtknoten, die unteren länger als die Blüten. Blütenstand bis 4 cm lang, 5- bis 12blütig, ziemlich dicht. Blüten klein, gelbgrün bis rotbraun. Perigonblätter helm-

nach oben rasch verkleinert, die oberen 2–5 mm lang. Sepalen elliptisch-lanzettlich, 18–24 mm lang, 6–9 mm breit. Petalen eiförmig, 14–20 mm lang, 7–10 mm breit. Lippe aufgerichtet, 10–12 mm lang. Hinterlippe weiß, am Grunde orange-gelb, 12 mm breit. Vorderlippe breiter als lang, 5–6 mm lang, 10–12 mm breit, verkehrt eiförmig, am Rande gekräuselt, in der Mitte gelborange, dicht behaart.
V: Südostkaukasus bis Nordiran
Ä: *C. kotschyana* (kürzere Blätter)
BN: 8. 5. 72, Asalem (N-Pe.), J. Renz

1900
0

ziemlich aufgerichtet, geteilt. Hinterlippe weißlich, mit aufgerichteten Seitenlappen. Vorderlippe eiförmig-lanzettlich, zugespitzt, bis zu 15 mm lang, weißlich mit etwa 10 gelbbraunen Lamellen. Ohne Sporn. Unteres Tragblatt meist erheblich länger als die Blüte, lanzettlich, nach oben kleiner werdend.
V: Europa, Nordafrika, Kleinasien
Ä: *C. kurdica* (mit Sporn)
BN: l: 11. 7. 87, Menikion-Geb. (N-Gr.); r: 21. 7. 86, L'Aquila (It.), H.B.

2600
0

förmig zusammenneigend. Sepalen oval, bis 4 mm lang und 2 mm breit. Petalen schmal-lanzettlich. Lippe meist gelb, zungenförmig, 3–4 mm lang, herabhängend, ungeteilt bis leicht dreilappig. Ohne Sporn. Die zierliche Pflanze wird leicht übersehen.
V: Alpen, Karpaten, Skandinavien
Ä: *Coeloglossum viride* (Blätter eiförmig, am Stengel verteilt)
BN: 17. 7. 66, Galtür (Au.), H.B.

2700
1500

V
VIII

Coeloglóssum víride (L.) HARTM.
Grüne Hohlzunge

S: *C. islandicum* (LINDL.) NYM.

B: Pflanze 5–35 cm hoch. Stengel kantig, Blätter 3–6, am Stengel verteilt. Untere Blätter oval, 2–9 cm lang, größte Breite etwa in der Mitte (1–3 cm). Obere Blätter tragblattähnlich, lanzettlich. Blütenstand 2–15 cm lang, dicht- und vielblütig. Tragblätter aufgerichtet bis abstehend, lanzettlich, untere zumeist länger als die Blüten. Blüten klein, grün bis gelblich, bisweilen braun oder rot über-

IV
VII

Compéria comperiána (STEVEN) ASCHERS. & GRÄBN.
Fadenförmige Bartorchis

S: *C. karduchorum* BORNM. & KRÄNZL., *C. taurica* K. KOCH

B: Pflanze 25–70 cm hoch. Blätter 3–6, untere rosettig gedrängt, obere aufgerichtet, den Stengel umhüllend, länglich-elliptisch, bis zu 15 cm lang und 4 cm breit. Blütenstand bis zu 25 cm lang, 5–20blütig. Tragblätter lineal bis lanzettlich, zugespitzt, die unteren fast doppelt so lang wie der Fruchtknoten. Blüten groß, rötlich bis bräunlich. Sepalen bis auf die Spitzen zu einem Helm zusammengeschlossen, olivgrün,

V
VIII

Corallorrhíza trífida CHATELAIN
Dreispaltige Korallenwurz

S: *C. innata* R. BR., *C. ericetorum* DREJER

B: Pflanze ohne Blattgrün, 8–30 cm hoch. Stengel gelblichgrün bis braun, ohne Laubblätter, mit wenigen, schuppenförmigen, den Stengel scheidenartig umschließenden Blättern, Blütenstand armblütig, mit 4–9 Blüten. Tragblätter klein, schuppenförmig, etwa ½ so lang wie der Stiel des Fruchtknotens.

laufen. Perigonblätter zu einem halbkugeligen Helm zusammenneigend. Sepalen oval, stumpf, 4–6 mm lang, Petalen schmal-lanzettlich, spitz, 4 mm lang, 1 mm breit. Lippe abwärts gerichtet, 5–10 mm lang, am Grunde 2–3 mm breit, nach vorn wenig verbreitert, vorn dreilappig, die Seitenlappen länger als der Mittellappen. Sporn kurz, etwa 2 mm lang, sackförmig, stumpf.
V: Europa, Vorderasien
Ä: *Chamorchis alpina* (Stengel ohne Blätter)
BN: 30. 5. 87, Mikropolis (N-Gr.), H.B.

4000
0

meist braunrot oder rosa überlaufen, stark genervt, länglich-eiförmig, zugespitzt, 16–20 mm lang, 6–7 mm breit. Petalen im Helm, bis zu 16 mm lang, die Spitzen zu fadenförmigen Fortsätzen ausgezogen. Lippe rosa bis weißlich mit roten Flecken. Obere Lippenplatte dreieckig mit 4 gekrümmten, fadenförmigen, bis zu 10 cm langen grünen Fortsätzen. Sporn zylindrisch, leicht gekrümmt, abwärts gerichtet, etwas kürzer als der Fruchtknoten, 12-15 mm lang, weißlich.
V: Krim, Türkei
Ä: Unverwechselbar (fadenförmige Lippe!)
BN: 22. 5. 84, Yalta (Krim), H.B.

2000
500

Blüten klein, gelblich. Perigonblätter schmal-lanzettlich, 4–5 mm lang, die seitlichen Sepalen abstehend. Lippe kürzer als die Sepalen, weiß, am Rande kraus, zungenförmig, ganzrandig, selten dreiteilig, mit erhabenen roten Punkten oder Strichen. Sporn klein, etwa ¼ so lang wie der Fruchtknoten. Fruchtknoten nach dem Grunde allmählich verschmälert.
V: Europa, Vorderasien
Ä: Kaum verwechselbar
BN: 17. 6. 85, Hüfingen (S-Ge.), H.B.

3500
0

V
VII

Cypripédium calcéolus L.
Europäischer Frauenschuh

S: *C. marianus* (CR.) ROUY

B: Pflanze kräftig, 15–60 cm hoch. Stengel rund, oben fein behaart. Blätter 2–4, groß, oval bis lanzettlich, zugespitzt, 6–17 cm lang, 3–7 cm breit, größte Breite in der Mitte, stengelumfassend, hellgrün, am Rande und auf den starken Nerven fein behaart. Blütenstand meist 1-, selten 2- bis 3blütig. Tragblätter groß, laubblattartig. Blüten groß. Perigonblätter breit-lanzettlich oder vom Grunde an verschmälert, 6–9 cm lang,

V
VI

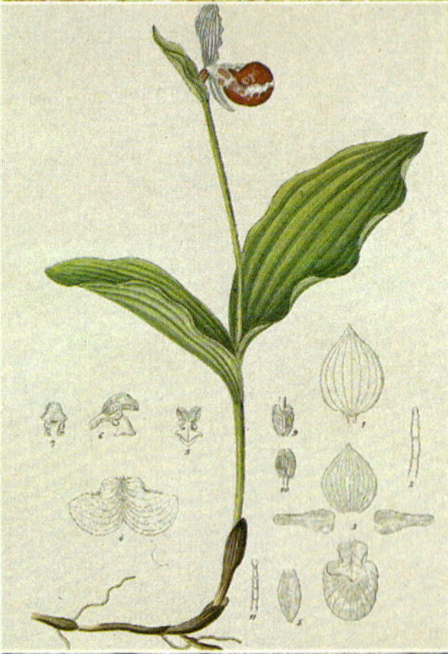

Cypripédium guttátum SW.
Gesprenkelter Frauenschuh

S: *C. orientale* SPRENG., *C. variegatum* GEORGI

B: Pflanze 15–30 cm hoch. Stengel rund, unterhalb der Blätter dicht, oberhalb spärlich behaart. Laubblätter 2, in der Mitte des Stengels, gewöhnlich genähert, gegenständig, elliptisch bis eiförmig-elliptisch, spitz, 6–12 cm lang, 3,5–6 cm breit, gefaltet, dünn, behaart, grün. Blütenstand meist 1blütig. Tragblatt groß, eiförmig bis lanzettlich. Mitt-

V
VII

Cypripédium macránthon SW.
Großblütiger Frauenschuh

S: *C. ventricosum* SW., *C. thunbergii* BLUME

B: Pflanze 25–50 cm hoch. Laubblätter 2–4, am Stengel verteilt, breit elliptisch bis eiförmig, zugespitzt, 8–16 cm lang, 4–7 cm breit, am Rande und auf den starken Nerven fein behaart. Blütenstand meist 1-, selten 2blütig. Tragblatt groß, elliptisch, 7–10 cm lang, 3–6 cm breit. Blüten groß. Perigonblätter etwa so lang wie die Lippe, lila oder violettrosa mit dunkleren Nerven, im unteren Teil heller und gesprenkelt. Mittleres

erheblich länger als die Lippe, rotbraun, abstehend. Die beiden seitlichen Sepalen fast vollständig verwachsen und abwärts gerichtet. Petalen schraubenförmig gedreht. Lippe gelb, 3–4 cm lang, 2,5–3 cm breit, einem nach oben offenen Schuh ähnlich. Staubblätter 2, dazwischen die dreiteilige Narbe, überdeckt von einem großen, in die Öffnung der Lippe hineinragenden schildförmigen, hellgelben, rot gepunkteten, sterilen Staubblatt.
V: Mittel-, Nord- und Osteuropa
Ä: *C. guttatum, C. macranthon*
BN: 15. 6. 87, Böblingen (S-Ge.), H.B.

2200
0

leres Sepal elliptisch-eiförmig, zugespitzt, aufgerichtet, 1,8–2,8 cm lang, bis 1,8 cm breit, weiß oder mit violetten bis purpurnen Flecken. Seitliche Sepalen vereint, grün, 1,2–1,7 cm lang. Petalen und Lippe weiß mit großen, zerfließenden violett-purpurnen Flecken. Lippe schuhförmig, vorne stumpfbauchig, Mündung schmal. Fruchtknoten dicht behaart.
V: Weißrußland, Ukraine (bis Sibirien)
Ä: Keine (Blütenfarbe)
BN: l: Reichenbach 1851, Taf. 143; r: Botanical Magazine, T. 7746

2400
100

Sepalblatt breit-oval, 4–6 cm lang, 2,5–3,5 cm breit. Seitliche Sepalen zu einem vorne gespaltenen Blatt verwachsen und abwärts gerichtet. Petalen eiförmig-lanzettlich bis lanzettlich, 4–6 cm lang, 1,5–2 cm breit. Lippe rosa bis rot mit weiß umrandeter Öffnung, 4–7 cm lang, einem nach oben offenen Schuh ähnlich. In die Öffnung der Lippe ragt ein etwa 1,5 cm langes, eiförmiges, weißliches, violett punktiertes steriles Staubblatt hinein.
V: Weißrußland (Sibirien)
Ä: *C.*-Arten (vgl. Blütenfarbe)
BN: Datum unbekannt, Baikal (Sib.), Jacob

2400
100

Kurze Einführung in die Gattung Dactylorhiza Necker ex Nevski

Bereits in einigen Kräuterbüchern des 16. Jahrhunderts wurden die unterschiedlichen Knollenformen der Knabenkräuter klar dargestellt. Trotzdem hat es rund 400 Jahre gedauert, bis die Trennung in die Gattungen *Orchis* mit runden und *Dactylorhiza* mit gespaltenen Knollen vollzogen wurde. Für den Feldbotaniker lassen sich alle *Dactylorhiza*-Arten leicht durch die langen, krautigen Tragblätter des Blütenstandes ansprechen. Systematisch bedeutsam ist die Tatsache, daß *Dactylorhiza*-Arten sich nicht mit *Orchis*-Arten kreuzen, dagegen aber mit den Vertretern anderer Gattungen, die ebenfalls gespaltene Knollen besitzen. Die nebenstehenden Bilder zeigen die Gattungsbastarde zwischen *Dactylorhiza saccifera* und *Gymnadenia conopsea* (oben links: 1. 8. 85, Kalambaka, Gr., H.B.) und *Dactylorhiza lagotis* × *Pseudorchis frivaldii* (oben rechts: 5. 7. 82, Sofia, Bu., H.B.). *Dactylorhiza* ist eine sehr kritische, polymorphe Gattung, bei der eine sinnvolle Gliederung derzeit noch nicht gelungen ist. Klar abgegrenzt ist *Dactylorhiza iberica*, die durch unterirdische Ausläufer und einen Sepalhelm ausgezeichnet ist. Trotz dieser eigenständigen Merkmale neigt auch diese Art zur Hybridisierung, wenn die Voraussetzungen dazu vorhanden sind. Das Bild Mitte links zeigt die Kreuzung *Dactylorhiza iberica* × *incarnata* (8. 7. 82, Bolu,

V
VIII

Dactylorhíza ibérica (M.-BIEB. ex WILLD.) SOÓ
Krim-Knabenkraut

S: *Orchis angustifolia* M.-BIEB., *O. leptophylla* K. KOCH, *O. natolica* FISCH. & C. A. MEY.

B. Pflanze schlank, 20–60 cm hoch. Stengel dünn, oberwärts schwach rinnig. Laubblätter 3–7, am Stengel verteilt, schmal lineal-lanzettlich, bis zu 25 cm lang, 1–3 cm breit, steil aufgerichtet, rinnig gefaltet, ungefleckt. Blütenstand zylindrisch, 8–20 cm lang, locker bis dicht, reichblütig. Blüten klein, hell bis kräftig rosa. Tragblätter lanzettlich,

NW-Tu., H.B.). Eine weitere Gruppe zeichnet sich durch nur schwach geteilte Knollen aus. Dazu gehören die gelb oder rot blühenden *D. insularis, latifolia, markusii* und *romana.* Es handelt sich um Waldorchideen, die ihre Hauptverbreitung in den mediterranen Gebirgen besitzen. Besonders zusagende Bedingungen finden sie in Edelkastanienhainen, die im Frühjahr licht und im Sommer beschattet sind. Die übrigen Vertreter dieser Gattung sind fast durchweg feuchtigkeitsliebende Pflanzen, die in unterschiedlichen Biotopen von der borealen Zone im Norden bis ins nordafrikanische Atlasgebirge im Süden, von Madeira im Westen bis nach Japan im Osten vorkommen. Im Mittelmeergebiet sind es hauptsächlich Orchideen der subalpinen bis alpinen Höhenlagen, während in Mittel- und Nordeuropa auch Küstenlagen günstige Voraussetzungen bieten. Entfaltungszentren sind sowohl die orientalischen als auch die balkanischen Gebirge sowie erstaunlicherweise die Britischen Inseln. Die Neigung zur Hybridisierung ist bei diesen Feuchtgebietsbewohnern besonders extrem ausgebildet. Vor allem in den Mooren des Alpenvorlandes oder in Sekundärbiotopen wie in aufgelassenen Steinbrüchen bilden sich oft regelrechte Hybridschwärme, die den Orchideenliebhaber gelegentlich in Verlegenheit bringen können. Das Bild Mitte rechts zeigt den Bastard *Dactylorhiza macedonica* X *saccifera* (13. 7. 87, Menikion, N-Gr., H.B.).

kaum länger als der Fruchtknoten. Perigonblätter helmbildend. Sepalen breitlanzettlich, 1-2nervig, 5–9 mm lang, 2–4 mm breit, die Petalen etwas kürzer und schmäler. Lippe rosa mit roten Punkten und Strichen, eiförmig bis rundlich, vorne 3lappig, meist flach, 7,5–11 mm lang, 6–9 mm breit. Sporn zylindrisch, dünn, 5–7 mm lang, 1 mm breit, deutlich kürzer als der Fruchtknoten, abwärts gebogen.

V: Griechenland bis Iran

Ä: Bildet leicht Hybriden mit anderen *Dactylorhiza*-Arten.

BN: 30. 6. 78, Denizli (SW-Tu.), H.B.

2600

600

IV
VI

Dactylorhíza insuláris
(Sommier) Landwehr
Insel-Knabenkraut

S: *D. sambucina* subsp. *insularis* (Sommier) Soó, *D. romana* subsp. *bartonii* Huxley & P.F. Hunt, *D. bartonii* (Huxley & P. F. Hunt) Aver.

B: Pflanze 20–50 cm hoch. Stengel oberwärts rinnig. Laubblätter 6–8, mindestens 3, grundständig, die übrigen am Stengel verteilt, schmal- bis breitlanzettlich, bis 15 cm lang und 2 cm breit, hellgrün, ungefleckt, schwach gefaltet, nach oben in die Tragblätter über-

III
VI

Dactylorhíza romána (Sebast.) Soó
Römisches Knabenkraut
subsp. romána
Gewöhnliche Unterart

S: *D. sulphurea* Franco, *D. sulphurea* subsp. *pseudosambucina* (Ten.) Franco, *D. sambucina* subsp. *pseudosambucina* (Ten.) Sunderm.

B: Pflanze 15–35 cm hoch. Stengel ziemlich steif, oberwärts rinnig. Laubblätter 6–13, die meisten am Grunde rosettig gehäuft, lineal bis lineal-lanzettlich, bis zu 12 cm lang und 0,5–1,5 cm breit, die größte Breite weit über der Mitte, ungefleckt. Blütenstand 4–10 cm, zylindrisch, Blüten klein, hellgelb oder

III
VI

Dactylorhíza romána subsp. geórgica (Klinge) Renz & Taubenheim
Georgische Unterart

S: *D. flavescens* (K. Koch) J. Holub, *D. sambucina* subsp. *georgica* (Klinge) Sunderm., *D. ruprechtii* Aver.

B: Pflanze 10–35 cm hoch. Laubblätter 5–10, am Grunde rosettig gehäuft, lineal-lanzettlich, spitz bis zugespitzt; 8–18 cm lang, 0,5–1,5 cm breit. Blütenstand kurz-zylindrisch bis eiförmig, 3–8 cm lang, dicht- und vielblütig. Blüten hellgelb oder violett bis rot, selten weißlich, ziemlich klein. Tragblätter schmal

gehend. Blütenstand oval bis zylindrisch, locker, 10–20blütig. Blüten klein, zitronengelb mit roten Punkten an der Lippenbasis. Tragblätter lanzettlich. Sepalen eiförmig, abgestumpft, 7–10 mm lang, 3,5–5 mm breit. Lippe rundlich bis queroval, vorne 3lappig, ziemlich flach, 5–9 mm lang, 5,5–11 mm breit, Mittellappen klein, vorgezogen. Sporn zylindrisch, 7,5–11 mm lang, 1,5–2 mm breit, waagrecht bis leicht aufsteigend, nicht länger als der Fruchtknoten.
V: Spanien, Korsika, Sardinien, N-Italien
Ä: *D. markusii, D. romana*
BN: 25. 4. 87, Gadoni (Sa.), H.B.

1500
0

hell bis dunkel purpurviolett. Tragblätter lanzettlich, krautig, grün. Sepalen länglich-eiförmig bis lanzettlich, zumeist abgestumpft, die seitlichen steil aufwärts gerichtet, bis zu 13 mm lang, 4–5 mm breit. Lippe nach vorne gestreckt, flach bis sattelförmig, breit-eiförmig bis rundlich, 8–12 mm lang, 8–18 mm breit, vorne schwach bis deutlich dreilappig, Mittellappen meist vorgezogen, Seitenlappen abgerundet, Lippe ohne Malzeichnung. Sporn nach oben gebogen, zylindrisch, 13–25 mm lang, doppelt so lang wie die Lippe.
V: Zentral- und ostmediterran
Ä: *D. markusii,* subsp. *georgica*
BN: l: 2. 5. 87, Grosseto (N-It.);
r: 3. 3. 84, Troodos (Cyp.), H.B.

2000
0

lanzettlich, die unteren länger als die Blüten, die oberen so lang wie die Blüten, hellgrün. Sepalen elliptisch, stumpf, die seitlichen zurückgeschlagen, 7–9 mm lang, 4–5 mm breit, das mittlere eiförmig, 5–7 mm lang, 4 mm breit. Lippe breit rundlich bis oval, 5–7 mm lang, 7–10 mm breit, kurz dreilappig. Seitenlappen abgerundet, gezähnelt. Mittellappen zungenförmig. Sporn nur wenig länger als die Lippe (8–10 mm), dünn, waagrecht oder leicht aufsteigend.
V: NO-Türkei, Kaukasus
Ä: subsp. *romana* (Sporn länger)
BN: 30. 5. 84, Eriwan (Arm.), H.B.

2200
900

III
VI

Dactylorhiza markúsii (TIN.)
H. BAUMANN & KÜNKELE
Schwefelgelbes Knabenkraut

S: *D. sicula* (TIN.) AVER., *D. sulphurea* subsp. *siciliensis* (KLINGE) FRANCO, *D. sambucina* subsp. *siciliensis* (KLINGE) SUNDERM.

B: Pflanze 15–35 cm hoch. Laubblätter 6–10; 4–6 am Grunde rosettig gehäuft, lineal-lanzettlich, 7–18 cm lang, 0,7–1,3 cm breit, ungefleckt, schwach gefaltet; Stengelblätter 2–6, locker am Stengel verteilt, nach oben tragblattartig werdend. Blütenstand zylindrisch, dicht, 4–7 cm lang, 10–35blütig. Blü-

IV
VII

Dactylorhiza latifólia (L.)
H. BAUMANN & KÜNKELE
Holunder-Knabenkraut

S: *D. sambucina* (L.) SOÓ

B: Pflanze gedrungen, 10–30 cm hoch. Stengel hohl, blaßgrün, oberwärts rinnig. Laubblätter 4–6, am Grunde gedrängt, lebhaft grün, ungefleckt, aus schmälerem Grunde länglich bis lanzettlich. Blütenstand eiförmig bis zylindrisch, dicht- und reichblütig. Blüten hellgelb oder hell- bis dunkelrot mit gelblichem Schlund, schwach nach Holunder duftend. Tragblätter lanzettlich, länger bis so lang wie die Blüten.

VI
VIII

Dactylorhiza nieschalkiórum
H. BAUMANN & KÜNKELE
Nieschalk's Knabenkraut

B: Pflanze 40–70 cm hoch. Stengel dick, hohl. Laubblätter 4–7 (und mehr), regelmäßig am Stengel verteilt, das unterste Blatt sehr klein, es folgen die Blätter mit der größten Länge und Breite, nach oben Übergang in die Tragblätter, meist ungefleckt. Grundblätter breit eiförmig-lanzettlich, größte Breite in der Mitte, bis zu 18 cm lang, 2–6 cm breit. Obere Stengelblätter tragblattartig. Blütenstand 8–20 cm, dicht und vielblütig (20–90 Blüten). Blüten sehr groß, rot.

ten relativ klein, schwefelgelb, ohne Zeichnung. Tragblätter krautig, länger als die Blüten. Sepalen eiförmig, 5,5–10 mm lang, 2,5–4 mm breit, die seitlichen steil aufgerichtet. Lippe queroval, 7–10 mm lang, 8–14 mm breit, vorne 3lappig, Mittellappen vorgezogen, Seitenlappen abgerundet. Sporn zylindrisch, mittellang und relativ dünn, 9–13 mm lang, 1,5–2 mm breit, leicht bogig aufwärts gerichtet, etwa so lang wie der Fruchtknoten.
V: West- bis zentralmediterran
Ä: *D. romana* (Sporn länger)
BN: l: 19.4.80, Ficuzza (Si.); r: 25.5.74, Miliana (Ag.), H.B.

2000
700
◑
●

Sepalen eiförmig-lanzettlich, stumpf, die seitlichen abstehend bis zurückgeschlagen, das mittlere mit den Petalen zusammenneigend. Petalen länglicheiförmig, kürzer. Lippe queroval bis rundlich, 8–10 mm lang, 11–16 mm breit, flach, bisweilen vorne dreilappig, Malzeichnung aus kleinen Punkten bestehend. Sporn walzlich-zylindrisch, sehr lang (12–15 mm) und dick (3 mm), meist steil abwärts gerichtet.
V: Zentral- und Südeuropa
Ä: Sporn beachten!
BN: 11.7.87, Falakron-Geb. (N-Gr.), H.B.

2400
0
○
◑

Tragblätter schmal-lanzettlich, grün. Seitliche Sepalen aufgerichtet bis abstehend, lang zugespitzt, etwa 17 mm lang, 4 mm breit. Lippe breitoval bis rundlich, 17–23 mm breit, 10–20 mm lang, dreilappig mit vorgezogenem Mittellappen, Seitenlappen am Rande unregelmäßig gezähnelt. Malzeichnung dunkelrote Striche, zu Linien vereint. Sporn sackförmig aufgeblasen, 4–5 mm breit, etwa 3/4 so lang wie der Fruchtknoten, schräg abwärts gerichtet.
V: Nordwesttürkei (Endemit)
Ä: *D. urvilleana* (Lippe kleiner)
BN: 8.7.82, Bolu (NW-Tu.), H.B.

1700
1000
○

V
VII

Dactylorhíza osmánica (KLINGE) SOÓ
Osmanisches Knabenkraut

S: *D. cilicica* (KLINGE) SOÓ, *D. cataonica* (H. FLEISCHM.) J. HOLUB, *D. olocheilos* (BOISS.) AVER.

B: Pflanze 20–75 cm hoch. Stengel hohl, dick, reich beblättert. Laubblätter 5–7, kurzscheidig, lanzettlich, lang zugespitzt, größte Breite an der Basis oder im unteren Blattdrittel, 2–4 cm breit, 9–14 cm lang, ungefleckt, nach oben 1–2 schmal-lanzettliche, tragblattartige Stengelblätter. Blütenstand 6–10 cm, dicht- und zumeist vielblütig, zylindrisch, Blüten mittelgroß, blaß- bis dun-

V
VIII

Dactylorhíza umbrósa
(KAREL. & KIR.) NEVSKI
Persisches Knabenkraut

S: *D. kotschyi* (RCHB. fil.) SOÓ, *D. persica* (SCHLECHTER) SOÓ, *D. sanasunitensis* (H. FLEISCHM.) SOÓ, *D. vanensis* E. NELSON, *D. renzii* AVER., *D. merovensis* (GROSSH.) AVER.

B: Pflanze 15–60 cm hoch. Stengel hohl, dicht mit 4–12 Laubblättern beblättert, Laubblätter stets ungefleckt, länglich-lanzettlich, zugespitzt, am breitesten in der Mitte, untere Blätter 10–30 cm lang und 2–6 cm breit, die oberen schmäler. Blütenstand 5–25 cm lang, zylindrisch, dicht- und vielblütig. Blüten hellpurpurn bis fleischrot.

V
VI

Dactylorhíza baumanniána
HÖLZINGER & KÜNKELE
Baumanns Knabenkraut

B: Pflanze 15–40 cm hoch. Stengel grün, oben rinnig. Laubblätter 2–4 stengelumfassend, im unteren Bereich gleichmäßig am Stengel verteilt, schräg aufwärts gerichtet, gefaltet, gefleckt, lanzettlich, größte Breite unterhalb der Blattmitte, 4–16 cm lang, 1–3 cm breit. Blütenstand zylindrisch, 3,5–9 cm lang, dicht, 6–25blütig. Blüten hellpurpurn bis rotviolett. Tragblätter kurz. Seitliche Sepalen länglich-eiför-

kelviolett. Tragblätter lanzettlich, Sepalen schmal- bis breit-lanzettlich dreinervig, die seitlichen schräg bis steil aufwärts gerichtet, das mittlere aufrecht. Lippe von engkeilförmigem Grunde breit-rundlich bis kreisförmig, flach ausgebreitet, nur schwach dreilappig, 8–12 mm lang, 9–14 mm breit. Malzeichnung zusammenhängende und unterbrochene unregelmäßige Linien, dunkelviolett. Sporn kurz und breit, 6–9 mm lang, 3–4 mm breit, zylindrisch bis kegelförmig, stumpf, waagrecht bis schräg abwärts gerichtet.
V: Osttürkei, Syrien
Ä: *D. umbrosa, D. euxina*
BN: 25. 5. 81. Gülek (S-Tu.), H.B.

2400
500

Tragblätter lanzettlich, zugespitzt, Sepalen eiförmig-lanzettlich, stumpf, 8–13 mm lang, 3–4 mm breit, die seitlichen abstehend bis zurückgeschlagen. Lippe rundlich-rhomboid, ziemlich flach, ganzrandig bis selten schwach dreilappig mit vorgezogenem Mittellappen, 10–13 mm lang, 8–12 mm breit. Malzeichnung aus dunkelpurpurnen Punkten oder Linien. Sporn zylindrisch, nach außen gebogen, so lang wie der Fruchtknoten (12–18 mm lang) und 1,5–2,5 mm dick.
V: Türkei bis Iran
Ä: *D. euxina*
BN: l: 29. 5. 84, Eriwan (Arm.);
r: 10. 7. 81, Erzurum (E-Tu.), H.B.

3800
1000

mig, zugespitzt, 8,5–12 mm lang, 3–4,5 mm breit, bisweilen gefleckt, schräg bis steil aufgerichtet. Lippe queroval bis rund, ziemlich flach, vorne meist 3lappig mit vorgezogenem Mittellappen, 7,5–12 mm lang, 8–15 mm breit, gegen den Sporneingang heller. Zeichnung aus dunklen Linien und Schleifen, bisweilen verwaschen. Sporn zylindrisch, schräg abwärts gerichtet, 6,5–10 mm lang, 2–3 mm breit, leicht gebogen, etwas kürzer als der Fruchtknoten.
V: Nordgriechenland
Ä: *D. fistulosa* (fehlt auf dem Balkan)
BN: 30. 5. 87, Grevenna (N-Gr.), H.B.

1800
1000

VI
VIII

Dactylorhíza euxína (NEVSKI) H. BAUMANN & KÜNKELE
Schwarzmeer-Knabenkraut

S: *D. caucasica* (KLINGE) SOÓ, *D. markowitschii* (SOÓ) AVER.

B: Pflanze 10–35 cm hoch. Laubblätter 4–5, gefleckt bis ungefleckt. Untere Blätter elliptisch-lanzettlich, stumpf, gegen die Basis deutlich schmäler, aufgerichtet, 3–7 cm lang, 1–2,5 cm breit. Obere Blätter schmäler. Blütenstand kurz und dicht, 2,5–5 cm lang. Blüten dunkelviolett. Tragblätter lanzettlich bis schmal-lanzettlich, kurz zugespitzt, die unteren länger, die oberen kürzer als

VI
VIII

Dactylorhíza cordígera (FR.) SOÓ
Herzförmiges Knabenkraut

S: *D. majalis* subsp. *cordigera* (FR.) SUNDERM.

B: Pflanze niedrig, 10–25 cm hoch. Stengel hohl, oberwärts kantig. Laubblätter 3–4, am Stengel verteilt, leicht gefaltet, schräg seitlich abstehend, dunkelgrün, oberwärts ziemlich groß und dicht schwarzviolett gefleckt, eiförmig-elliptisch, das unterste kurz und relativ breit, abgerundet, die mittleren 6–10 cm lang, 2–4 cm breit, das oberste tragblattartig. Blütenstand kurz und breit, 3,5–6 cm lang, aufgelockert, eiför-

V
VII

Dactylorhíza lagótis (RCHB. fil.) H. BAUMANN
Weinrotes Knabenkraut

S: *D. cordigera* subsp. *bosniaca* (BECK) SOÓ

B: Pflanze 15–35 cm hoch. Laubblätter 3–5, am Stengel verteilt, größte Breite im oberen Drittel, dunkelgrün, oberseits dicht schwarzviolett gefleckt, breiteiförmig, zugespitzt, das unterste kurz und breit, die mittleren 4–15 cm lang, 1,5–4,5 cm breit. Nach oben folgen 1–2 tragblattartige Stengelblätter, vom Grund des Blütenstandes deutlich entfernt. Blütenstand walzenförmig, 3,5–8,5 cm

die Blüten, grün, bisweilen violett überlaufen. Sepalen schmal eiförmig-lanzettlich, 8–10 mm lang, 3–4 mm breit. Petalen lanzettlich, etwas kürzer als die Sepalen. Lippe ganzrandig, etwas gezähnelt, breit rundlich-eiförmig, breiteste Stelle am Grunde der Lippe, 7–10 mm lang, 10–14 mm breit. Zeichnung etwas dunkler, aus rundlich-länglichen verwaschenen Linien. Sporn sackförmig-zylindrisch, kurz und dick, 6–8 mm lang, 3–4 mm breit.
V: NO-Türkei, Kaukasus
Ä: *D. umbrosa, D. urvilleana*
BN: 1. 6. 84, Borzhomi (Cauc.), H.B.

2900
1100
○

mig bis fast kugelig, 5–10blütig. Blüten dunkelrotviolett. Tragblätter länger als die Blüten, purpurn überlaufen. Sepalen eiförmig-lanzettlich, die seitlichen schräg aufwärts gerichtet, das mittlere stark nach vorne gekrümmt. Lippe dreieckig-herzförmig, 8–10 mm lang, 8–12 mm breit, selten schwach 3lappig, am Rande gekerbt und gewellt, im Mittelteil sehr hell mit dunklen Linien. Sporn konisch, kurz, 5–7 mm lang, 2–4 mm breit, gegen die Spitze rasch verjüngt, abwärts gerichtet.
V: Rumänien, UdSSR
Ä: *D. lagotis* (Blüten größer)
BN: 5. 8. 80, Mte. Retezatului (Rm.), H.B.

2200
900
○

lang, sehr dicht, 9–30blütig. Blüten purpurn, bisweilen hell-lila. Sepalen 14,5 mm lang, 3,5–6 mm breit. Lippe groß und breit, flach, 8–13,5 mm lang, 9,5–16,5 mm breit, queroval bis rundlich eiförmig. Mittelteil hell mit dunklen Bögen. Sporn konisch, aus breitem Grunde verjüngt. 3,3–7,5 mm lang, ½–⅔ so lang wie der Fruchtknoten, schräg abwärts gerichtet.
V: Jugoslawien, Bulgarien, Griechenland
Ä: *D. cordigera*
BN: l: 10. 7. 76, Sarajevo (Ju.);
r: 20. 6. 78, Sofia (Bu.), H.B.

2300
1300
○

V
VI

Dactylorhíza píndica B. & E. WILLING
Pindus-Knabenkraut

B: Pflanze 35-90 cm hoch. Stengel hohl, grün, oben rinnig, braun überlaufen. Laubblätter 4–6, am Stengel verteilt, breit lanzettlich, 8–16 cm lang, 3–6 cm breit, leicht gefaltet, gefleckt, nach oben folgen 1–2 tragblattartige Stengelblätter. Blütenstand länglich-walzlich, 8–20 cm lang, 3–4 cm breit, dicht, 25-60blütig. Blüten ziemlich groß, purpurn bis hellpurpurn. Tragblätter 20–36 mm lang. Sepalen eiför-

V
VII

Dactylorhíza fistulósa (MÖNCH) H. BAUMANN & KÜNKELE
Breitblättriges Knabenkraut
subsp. fistulósa
Gewöhnliche Unterart

S: *D. majalis* (RCHB.) P. F. HUNT & SUMMERH.

B: Pflanze 15–70 cm hoch. Stengel hohl, hellgrün, oberwärts kantig und bisweilen purpurn überlaufen. Laubblätter 4–7, länglich-eiförmig, in der Mitte am breitesten, seitlich abstehend, kurzscheidig, ziemlich flach, trübgrün, oberseits mit braunen bis schwärzlichen Flecken. Blütenstand 5–10 cm, zuerst pyramidenförmig, später walz-

VI
VII

Dactylorhíza fistulósa subsp. alpéstris (PUGSLEY) H. BAUMANN & KÜNKELE
Alpine Unterart

S: *D. majalis* subsp. *alpestris* (PUGSLEY) SENGHAS

B: Pflanze gedrungen, kräftig, 10–35 cm hoch. Stengel steif, hohl, oben purpurn überlaufen. Laubblätter 4–5, am Stengel verteilt, breit lanzettlich bis elliptisch, abgerundet, abstehend bis herabgebogen, dunkel purpurbraun gefleckt, das unterste kurz und breit, das 2. und 3. Blatt am längsten und oberhalb der Mitte am breitesten, die folgenden 1–2 kürzer. Blütenstand kurz,

mig-lanzettlich, 12–14 mm lang, 4–5,5 mm breit, die seitlichen schräg aufwärts gerichtet, das mittlere mit den Petalen über die Säule gebogen. Lippe groß und breit, queroval, 10–13 mm lang, 16–20 mm breit, schwach 3lappig, Seitenlappen herabgeschlagen, Mittellappen vorgezogen, Zeichnung aus dunklen Punkten und Linien. Sporn zylindrisch, 8–11 mm lang, 3–4,5 mm breit, schwach gekrümmt, waagrecht bis leicht abwärts gerichtet.
V: Nordwest-Griechenland
Ä: *D. baumanniana, D. lagotis*
BN: 13. 6. 88, Grammos (N-Gr.), H.B.

1800
1200

lich, dicht- bis lockerblütig. Blüten lilapurpurn, mit dunkelroten Flecken und Linien. Sepalen eiförmig-lanzettlich, die seitlichen aufwärts gerichtet, das mittlere mit den Petalen helmbildend, Lippe breiter als lang, 8–12 mm lang, 10–14 mm breit, sattelförmig, dreilappig, Mittellappen vorn stumpf, oft sehr kurz. Seitenlappen breit rundlich. Sporn kegelförmig-zylindrisch, schief abwärts gerichtet, meist etwas kürzer als der Fruchtknoten.
V: Mittel- und Osteuropa
Ä: *D. cordigera, D. lagotis*
BN: l: 6. 7. 87, Triberg;
r: 10. 5. 85, Schwäb. Hall (S-Ge.), H.B.

1600
0

eiförmig, aufgelockert. Blüten groß, intensiv purpurrot. Tragblätter lanzettlich, länger als die Blüten. Sepalen eiförmiglänglich 9–12,5 mm lang, 3,5–5 mm breit, die seitlichen abstehend bis aufgerichtet. Lippe groß, 9–10 mm lang, 10–15 mm breit, flach, schwach bis deutlich 3lappig, Seitenlappen am Rande wellig gekerbt. Zeichnung schwarzrote Linien und Punkte. Sporn kegelförmig, schwach abwärts gerichtet, kürzer als der Fruchtknoten.
V: Alpen
Ä: Nominatsippe (subsp. *fistulosa*)
BN: 28. 7. 86, Mercantour (SW-Ga.), H.B.

2600
1500

V/VI

Dactylorhíza kalopíssii
E. NELSON
Kalopissis Knabenkraut

B: Pflanze hochwüchsig, 35–55 cm. Stengel hohl, oben rinnig. Laubblätter 4–5 und 1–3 tragblattartige Hochblätter, grün, schwach gefaltet, ungefleckt, am Stengel steil aufgerichtet, die unteren lanzettlich, 9–18 cm lang, 2–4 cm breit, die größte Breite unterhalb der Mitte. Blütenstand eiförmig bis zylindrisch, dicht, 8–12 cm lang, 18–30blütig. Blüten klein bis mittelgroß, rosa bis hell-lila. Tragblätter etwa so lang wie die Blüten.

VI/VII

Dactylorhíza macedónica
HÖLZINGER & KÜNKELE
Mazedonisches Knabenkraut

B: Pflanze hochwüchsig, 45–72 cm hoch. Stengel aufrecht. Laubblätter 6–9, ungefleckt, hellgrün. Zweitunterstes Stengelblatt 2,5–4,3 cm breit, 17–26 cm lang, eiförmig-lanzettlich, größte Breite im unteren Drittel. Oberstes Stengelblatt tragblattartig, 3,8–7,2 cm lang, so lang wie oder länger als das zugehörige Internodium. Blütenstand walzlich, langgestreckt, 8–20 cm lang mit 25–65 relativ dichtsitzenden Blüten. Blüten mittelgroß, hellrot bis rosa. Seitliche Sepalen ± waagrecht abstehend, eifór-

VI/VII

Dactylorhíza graéca
H. BAUMANN
Griechisches Knabenkraut

B: Pflanze schlank, 30–45 cm hoch. Stengel aufgerichtet. Laubblätter 3–4 und 1–2 tragblattartige Stengelblätter, grün, schwach gefaltet, steil aufgerichtet, ungefleckt, die unteren aus schmalem Grunde lanzettlich, die größte Breite im oberen Drittel, 14–20 cm lang, 1,5–2,5 cm breit. Blütenstand zylindrisch, langgestreckt, 5,5–10,5 cm lang, locker, 8–25blütig. Blüten mittelgroß, hellrot bis rosa. Tragblätter kurz, grün. Seitliche Sepalen eiförmig-lanzettlich, zuge-

Seitliche Sepalen schmal eiförmig, 9–13 mm lang, 3–5 mm breit, schräg aufgerichtet. Lippe variabel, zungenförmig, keilförmig bis rundlich, 3lappig bis ungeteilt, 8–12 mm lang und breit, flach. Zeichnung aus dunkleren feinen Punkten und Linien. Sporn kurz, sackartig bis kegelförmig, 5–6 mm lang, leicht abwärts gerichtet.
V: Nordgriechenland
Ä: Bildet leicht Hybridschwärme mit *D. saccifera* (Blätter verwaschen gefleckt, Sporn länger, Lippe tief 3lappig)
BN: 16. 7. 87, Joannina (N-Gr.), H.B.

1600
1200

mig-lanzettlich, zugespitzt, rosa bis hellrot, 8,0–9,3 mm lang und 3,2–3,6 mm breit. Petalen hellrot bis rosa, 6,0–7,5 mm lang und 2,6–3,0 mm breit. Lippe breiter als lang, 6,3–7,5 mm lang und 8,2–9,7 mm breit, deutlich dreilappig, Seitenlappen klein, vorgezogen. Lippe an den Rändern hellrot bis rosa, im Zentrum und am Sporneingang weiß, fast völlig ohne Zeichnung. Sporn zylindrisch, 7,0–8,0 mm lang und 2,5–3,0 mm breit, schwach abwärts gekrümmt.
V: Nordgriechenland (Mazedonien)
Ä: *D. kalopissii* (mit Zeichnung)
BN: 10. 7. 87, Drama (N-Gr.), H.B.

1500
1000

spitzt, 10–12 mm lang, 3–4 mm breit, waagrecht abstehend bis aufgerichtet, das mittlere Sepal mit den Petalen über die Säule gebogen. Lippe keilförmig, ungeteilt, Spitze lang vorgezogen, 9–10 mm lang, 10–11 mm breit, Seitenlappen leicht herabgeschlagen. Zeichnung am hellen Lippengrund, dunkelrote Striche und Schleifen. Sporn kegelförmig, dünn, zugespitzt, schräg abwärts gerichtet, 8–9 mm lang, $^{3}/_{4}$ so lang wie der Fruchtknoten.
V: Nordgriechenland
Ä: *D. kalopissii* (Blüten kleiner)
BN: 14. 7. 87, Menikion-Geb. (N-Gr.), H.B.

1600
1400

V / VII

Dactylorhíza foliósa (VERMEUL.) SOÓ
Blattreiches Knabenkraut

S: *Orchis foliosa* SOLAND. ex LOWE, *O. maderensis* SUMMERH.

B: Pflanze stattlich, 30–70 cm hoch. Stengel gefüllt, oben rinnig. Laubblätter 8–12, am Stengel verteilt, bis zu 20 cm lang und 6 cm breit, ungefleckt, länglich-lanzettlich, nach oben kleiner werdend, weit abstehend bis übergebogen. Blütenstand zylindrisch, 5–15 cm lang, dicht, reichblütig. Blüten groß, hell bis leuchtend rosapurpurn. Tragblätter lanzettlich, kurz. Sepalen eiförmig-lan-

IV / VII

Dactylorhíza eláta (POIR.) SOÓ
Hohes Knabenkraut

S: *D. sesquipedalis* (WILLD.) VERMEUL., *D. durandii* (BOISS. & REUT.) M. LAINZ, *D. munbyana* (BOISS. & REUT.) AVER.

B: Pflanze sehr kräftig, 30–110 cm hoch. Laubblätter 6–13, ungefleckt, nur sehr selten gefleckt, breit lanzettlich, größte Breite an der Basis, 15–28 cm lang und 3–6 cm breit, steil aufgerichtet, nach oben kleiner werdend, an der Basis weit stengelumfassend. Blütenstand 10–30 cm lang mit 30–110 relativ großen Blüten. Blüten hellrosa bis purpurviolett gefärbt. Tragblätter länger als die Blü-

V / VIII

Dactylorhíza incarnáta (L.) SOÓ
Fleischfarbenes Knabenkraut
subsp. incarnáta
Gewöhnliche Unterart

S: *D. strictifolia* (OPIZ) RAUSCHERT

B: Pflanze 20–60 cm hoch. Stengel steif, dick, leicht kantig, hohl. Laubblätter 5–7, lanzettlich, bis 20 cm lang, 1,5–4 cm breit, mit der größten Breite am Grunde, gegen die Spitze sich gleichmäßig verjüngend, mit kapuzenförmiger Spitze, meist stark gefaltet, ungefleckt, gelbgrün. Nach oben noch 1–2 kleine Blätter, Blütenstand 4–15 cm, zylindrisch, dichtblütig. Blüten ziemlich klein, fleischfarbig, rosa, dunkelviolett,

zettlich, 8–11 mm lang, 2,5–4 mm breit, die seitlichen abstehend bis nach vorne gerichtet, das mittlere und die Petalen aufgerichtet, nicht über die Säule gebogen. Lippe rundlich bis querelliptisch, vorne kurz 3lappig, flach, 8–17 mm lang, 9–20 mm breit, Mittellappen kaum vorgezogen, dreieckig bis stumpf. Zeichnung verwaschen fächerförmig über die ganze Lippe. Sporn kurz und dünn, zylindrisch, 5–11 mm lang, 1 mm breit, abwärts gerichtet.
V: Madeira (Endemit)
Ä: Kaum verwechselbar
BN: 20. 5. 75, Ribeiro Frio (Madeira), H. Sundermann

1000
400

ten, von unten nach oben an Größe abnehmend. Sepalen eiförmig-lanzettlich, die seitlichen steil aufwärts gerichtet, das mittlere aufgerichtet bis nach vorne geneigt. Petalen zusammenneigend, eiförmig-lanzettlich, kürzer als die Sepalen. Lippe queroval, 10–12 mm lang und 12–14 mm breit, meist leicht dreilappig, nur selten fast ganzrandig. Sporn dick und lang, 12–15 mm lang und 2–4 mm breit, zylindrisch, schräg abwärts gekrümmt.
V: Westmediterran
Ä: *O. palustris*
BN: l: 5. 6. 80, Sierra Nevada (S-Hs.); r: 20. 5. 74, Kolea (N-Ag.), H.B.

2900
0

weiß. Tragblätter lanzettlich, die Blüten überragend, grün, oft purpurn überlaufen. Sepalen lanzettlich, purpurn gefleckt. Lippe rhombisch, 6–7 mm lang und breit, vorne kurz spitzlich oder schwach dreilappig, Seiten anfangs flach, beim Abblühen herabgeschlagen. Lippenzeichnung fein und scharf. Sporn konisch, leicht bogig abwärts gekrümmt, $\frac{1}{2}$ bis $\frac{2}{3}$ so lang wie der Fruchtknoten, 5–8 mm lang.
V: Weite Teile von Europa
Ä: *D. cruenta* (Blätter beidseitig gefleckt)
BN: l: 8. 7. 87, Blitzenreute (S-Ge.); r: 16. 7. 82, Bolu (NW-Tu.), H.B.

2400
0

VI
VII

Dactylorhíza incarnáta subsp. coccinéa (PUGSLEY) SOÓ
Scharlachfarbene Unterart

S: *D. coccinea* (PUGSLEY) AVER.

B: Pflanze gedrungen, 5–20 cm hoch. Stengel steif, oben purpurn überlaufen. Laubblätter 5–10, zumeist am Grunde dicht gedrängt, größte Breite in der Mitte, bis 21 cm lang, bis 4,5 cm breit, an der Spitze nur schwach kappig, seitlich abstehend bis herabgebogen. Blütenstand eiförmig bis zylindrisch, dicht, 20–100blütig. Blüten klein, tief leuchtend scharlachrot. Tragblätter lanzett-

VI
VII

Dactylorhíza incarnáta subsp. ochroleúca (WÜSTNEI ex BOLL) P. F. HUNT & SUMMERH.
Hellgelbe Unterart

S: *D. ochroleuca* (WÜSTNEI ex BOLL) J. HOLUB

B: Pflanze hochwüchsig, 30–90 cm hoch. Stengel hohl, grün, oben rinnig. Laubblätter 4–5, relativ kurz, steil aufgerichtet, dem Stengel fast anliegend, ungefleckt, die Spitze des obersten Blattes den Blütenstand kaum erreichend. Blütenstand zylindrisch, ziemlich breit und langgestreckt, 10–18 cm lang, dicht, vielblütig. Blüten klein, hellgelb.

VI
VII

Dactylorhíza cruénta (O. F. MÜLLER) SOÓ
Blutrotes Knabenkraut

S: *D. incarnata* subsp. *cruenta* (O. F. MÜLLER) P. D. SELL

B: Pflanze 15–35 cm hoch. Laubblätter 2–4, dunkelgrün, beiderseits blutrot gefleckt, selten ungefleckt, flach bis wenig gefaltet, an der Spitze meist kappenförmig nach innen gebogen, breit-lanzettlich, das 2. Blatt 4–10 cm lang, 1–2,5 cm breit. Nach oben folgen 1–2 tragblattartige Stengelblätter. Blütenstand zylindrisch, 3–8 cm lang, dicht, 10–30blütig. Blüten klein, hell- bis dunkelrot. Zeich-

lich, die unteren sehr lang, stark einwärts gekrümmt. Lippe breiter, queroval, 5–6 mm lang, 7–9 mm breit, Seitenlappen flach bis herabgeschlagen. Zeichnung dunklere Linien, weniger scharf gezeichnet, bisweilen unterbrochen. Sporn kegelförmig, 4–7 mm lang, waagrecht bis leicht abwärts gerichtet, kürzer als der Fruchtknoten.
V: Ostirland, Westengland
Ä: Blüht 2 Wochen nach subsp. *incarnata*
BN: l: 11. 7. 73, South Uist;
r: 26. 6. 75, Curraghroe (Hb.),
W. Wiefelspütz

200

0

○

Tragblätter lanzettlich, länger als die Blüten. Lippe tief 3lappig, Seitenlappen herabgeschlagen, hellgelb, im Zentrum dunkelgelb, ohne Zeichnung, bisweilen im Zentrum fein punktiert. Sporn kegelförmig, hellgelb, etwas kürzer als der Fruchtknoten, waagrecht bis abwärts gerichtet.
V: Mittel- und Osteuropa
Ä: Hellgelbe Formen der subsp. *incarnata* sind einheitlich gefärbt, blühen 2 Wochen früher
BN: l: 11. 6. 73, Wurzach (Ge.), M. Bayer;
r: 16. 6. 85, Nendeln (Liechtenstein), R. Hansen

700

0

○

nung aus dunkelroten Punkten und Linien. Tragblätter länger als die Blüten, beiderseits purpurn überlaufen. Seitliche Sepalen eiförmig, gefleckt, 7–9 mm lang, 2,5–4 mm breit, aufwärts gerichtet. Lippe rhombisch bis rundlich, am Rande herabgeschlagen, nur schwach 3lappig, 5–8 mm lang, 5–9 mm breit. Sporn konisch, aus breiterem Grunde verjüngt, 5–9 mm lang, 1,5–3 mm breit, leicht bogig abwärts gerichtet, $\frac{2}{3}$ so lang wie der Fruchtknoten.
V: Skandinavien, Alpen
Ä: *D. incarnata* (Blätter ungefleckt)
BN: 28. 7. 77, Preda (He.), H.B.

2400

0

○

VI/VII

Dactylorhíza curvifólia (F. NYL.) CZER.
Sichelblättriges Knabenkraut

S: *O. recurva* RCHB. fil., *D. russowii* (KLINGE) J. HOLUB, *D. pycnantha* (L. NEUM.) AVER.

B: Pflanze 15–45 cm hoch. Stengel hohl, grün, oberwärts bräunlich überlaufen. Laubblätter 3–4, locker am Stengel verteilt, schmal-lanzettlich, rinnig, aufgerichtet bis bogig zurückgekrümmt, bläulich-grün, leicht gefleckt. Das 2. Blatt am längsten, 8–15 cm lang, 0,5–1,5 cm breit. Die folgenden Blätter kürzer, zumeist ein braunrot gesäumtes Hochblatt. Blütenstand kurz, 3,5 cm

VI/VII

Dactylorhíza lappónica (LAEST. ex RCHB. fil.) SOÓ
Lappländisches Knabenkraut

S: *D. pseudocordigera* (L. NEUM.) SOÓ, *D. traunsteineri* subsp. *lapponica* (HARTM.) SOÓ

B: Pflanze 10–30 cm hoch. Stengel hohl, dunkelgrün, oben rinnig und violett überlaufen. Laubblätter 1–5 und 1–2 tragblattartige Stengelblätter, oberseits kräftig gefleckt, dunkelgrün, lanzettlich, 3–8 cm lang, 0,7–2 cm breit, abstehend bis schräg aufwärts gerichtet. Blütenstand zylindrisch, locker, 5–20blütig.

VI/VII

Dactylorhíza báltica (KLINGE) ORLOWA ex AVER.
Baltisches Knabenkraut

S: *D. majalis* subsp. *baltica* (KLINGE) SENGHAS

B: Pflanze 25–70 cm hoch. Stengel dünn, hohl. Laubblätter 4–7, am Stengel verteilt, lineal-lanzettlich, zugespitzt, aufrechtstehend, klein bis verwaschen gefleckt, 10–25 cm lang, 2–3,5 cm breit, obere Blätter schmal, zugespitzt, bis zum Grund des Blütenstandes reichend. Blütenstand eiförmig-zylindrisch, 3–9,5 cm lang, dicht. Tragblätter

lang, eiförmig, dicht, 6–20blütig. Blüten ziemlich klein, rosenrot. Tragblätter die Blüten nur wenig überragend. Sepalen breit-lanzettlich, die seitlichen abstehend, meist gefleckt. Lippe aus schmalem Grunde keilförmig, flach, zumeist undeutlich 3lappig mit kurz vorgezogenem Mittellappen, 7–8 mm lang, 9–11 mm breit, rosenrot, Zeichnung dunkelrot, Linien und Punkte. Sporn zylindrisch, abwärts gerichtet, leicht bogig, etwas kürzer als der Fruchtknoten.
V: Nordosteuropa
Ä: *D. lapponica*
BN: 30. 6. 84, Medelpad (Su.), H. Reinhard

200
0

○

Blüten ziemlich klein, dunkelrot. Tragblätter kurz. Seitliche Sepalen eiförmig-lanzettlich, 6–10 mm lang, 2–4 mm breit, aufgerichtet, das mittlere Sepal vorgebogen bis leicht aufgerichtet. Lippe meist breiter als lang, 5–9 mm lang, 6–11 mm breit, schwach 3lappig, ziemlich flach. Zeichnung bis in den Sporneingang, dunkle Linien und Schleifen. Sporn kegelförmig, 6,5–11 mm lang, 2–3 mm breit, schwach abwärts gerichtet.
V: Norwegen, Schweden, Alpen
Ä: *D. curvifolia, D. traunsteinerioides*
BN: l: 16. 7. 84, Troms (No.);
r: 8. 7. 84, Norrbotten (Su.), H. Reinhard

2400
0

○

ziemlich kurz. Blüten violettpurpurn. Seitliche Sepalen eiförmig-lanzettlich, 8–10 mm lang, 3–4,5 mm breit, oft gefleckt, schräg aufgerichtet. Lippe queroval, breiter als lang, 6–9 mm lang, 8–13 mm breit, 3lappig, Mittellappen stumpf, etwas vorgezogen, Seitenlappen rundlich. Sporn kegelförmig, 6–9 mm lang, 2–3 mm breit, kürzer als der Fruchtknoten, leicht abwärts gerichtet.
V: Osteuropa (Polen, UdSSR)
Ä: *D. fistulosa*
BN: l: 1. 7. 78, Ragon Tukums (B.), E. Vimba; r: 11. 6. 82 (B.), E. van Bruggen

400
0

○

VI
VII

Dactylorhiza purpurélla
(T. & T. A. STEPHENSON) SOÓ
Purpurblütiges Knabenkraut

S: *D. majalis* subsp. *purpurella* (T. & T. A. STEPHENSON) D. M. MOORE & SOÓ

B: Pflanze gedrungen, 10–45 cm hoch. Stengel unterseits hohl, Laubblätter 4–5, schräg bis steil aufgerichtet, breitlanzettlich, lang zugespitzt, an der Seite zumeist kapuzenförmig, die größte Breite gegen die Mitte, ziemlich langscheidig, leicht rinnig gefaltet, ungefleckt, bisweilen gegen die Blattspitze spärlich punktiert, oberwärts zumeist ein tragblattartiges Stengelblatt. Blü-

VI
VIII

Dactylorhiza traunsteinéri
(SAUTER ex RCHB.) SOÓ
Traunsteiners Knabenkraut

S: *D. majalis* subsp. *traunsteineri* (RCHB.) SUNDERM.

B: Pflanze schlank, 20–50 cm hoch. Stengel dünn, oberwärts kantig und rötlich überlaufen, Laubblätter meist 3–4, am Stengel verteilt, schräg bis steil aufgerichtet, lineal-lanzettlich, lang zugespitzt, gegen die Basis am breitesten, die mittleren gefaltet, das zweite von unten am längsten, das oberste tragblattartig, bläulichgrün, gefleckt oder ungefleckt. Blütenstand eiförmig, 3–10

VI
VII

Dactylorhiza traunsteinerioides
(PUGSLEY) LANDWEHR
Traunsteinerähnliches Knabenkraut

S: *D. majalis* subsp. *traunsteinerioides* (PUGSLEY) BATEMAN & DENHOLM, *D. traunsteineri* subsp. *francis-drucei* (WILMOTT) SOÓ.

B: Pflanze schlank, 10–40 cm hoch. Stengel kaum hohl, oft hin und her gebogen. Laubblätter meist 4, bis 12 cm lang, 1,5–2 cm breit, lineal-länglich, gekielt, aufgerichtet bis abstehend-übergebogen, die größte Breite unterhalb der Mitte, das 2. und 3. Blatt am läng-

tenstand kurz-zylindrisch bis eiförmig, dichtblütig. Blüten klein, dunkelrot. Tragblätter schmal-lanzettlich. Sepalen schmal-lanzettlich, die seitlichen stark zurückgeschlagen. Lippe rautenförmig, bisweilen schwach dreilappig, 6–9 mm lang und breit, flach mit aufgebogenen Seitenrändern, Malzeichnung aus dunklen Punkten und Schleifen bestehend. Sporn kegelförmig, ziemlich dick, etwa ⅔ so lang wie der Fruchtknoten.
V: Nordwesteuropa
Ä: *D. kerryensis* (Lippe größer, breit elliptisch)
BN: 6. 8. 84. Anglesey (W-Br.), H.B.

500
0

cm lang, locker- und wenigblütig (zumeist 8–12 Blüten). Blüten ziemlich groß, purpurrot. Tragblätter lineal-lanzettlich, zugespitzt, bräunlich-purpurn, Sepalen linealisch-lanzettlich, die seitlichen zumeist gefleckt, abstehend bis steil aufgerichtet. Lippe queroval mit vorgezogener Spitze, zumeist sattelförmig, nach dem Grunde zu heller gefärbt, mit dunkelroten Linien und Flekken, Sporn kegelförmig-walzlich, stumpf, ½ bis ⅔ so lang wie der Fruchtknoten, leicht abwärts gerichtet.
V: Alpen, Alpenvorland
Ä: *D. fistulosa* (Blätter gefleckt)
BN: 20. 6. 76, Damüls (Au.), H.B.

1900
600

sten, ungefleckt oder klein braungefleckt. Blütenstand zylindrisch, bis 6 cm lang, dicht, reichblütig. Tragblätter lanzettlich, purpurn, die unteren etwas länger als die Blüten. Blüten mittelgroß, hellpurpurn. Seitliche Sepalen abstehend bis aufgerichtet, oft gefleckt. Lippe aus schmalem Grunde dreieckig bis queroval, 7–8 mm lang, 10 mm breit, Mittellappen stumpf, vorgezogen. Zeichnung dunkelrot, Flecken und Linien. Sporn zylindrisch, ziemlich dünn, fast so lang wie der Fruchtknoten, abwärts gerichtet.
V: England, Irland
Ä: *D. traunsteineri*
BN: Lang, Orchids of Britain (1980)

200
0

VI
VIII

Dactylorhíza praetermíssa
(DRUCE) SOÓ
Übersehenes Knabenkraut

S: *D. pardalina* (PUGSLEY) AVER., *D. wirtgenii* (HÖPPNER) SOÓ, *D. sphagnicola* (HÖPPNER) SOÓ

B: Pflanze 30–80 cm hoch. Stengel hohl, oberwärts rinnig, bisweilen purpurn überlaufen. Laubblätter 6–8, davon 2 tragblattartig, schmal- bis breitlanzettlich, größte Breite (15–20 mm) etwa in der Mitte, steil aufgerichtet, ungefleckt oder kreisförmig gefleckt. Blütenstand 5–17 cm, zylindrisch, reich- und dichtblütig. Blüten klein bis mittelgroß, rosa bis dunkelviolett. Tragblätter

V
VI

Dactylorhíza kerryénsis
(WILMOTT) P. F. HUNT & SUMMERH.
Irisches Knabenkraut
subsp. kerryénsis
Irische Unterart

B: Pflanze kräftig, 10–20 cm hoch. Laubblätter 5–7 und 1–2 tragblattartige Stengelblätter, bläulichgrün, ungefleckt. Die untersten 1–2 sehr kurz, die folgenden genähert, breit, sichelförmig zurückgebogen oder aufgerichtet, 6–10 cm lang, 1–2 cm breit. Blütenstand anfangs eiförmig, später zylindrisch, 6–9 cm lang, 3–4 cm breit, dicht, reichblütig. Blüten ziemlich groß, dunkelro-

V
VII

Dactylorhíza kerryénsis
subsp. occidentális (PUGSLEY)
H. BAUMANN & KÜNKELE
Westbritische Unterart

S: *D. majalis* subsp. *occidentalis* (PUGSLEY) P. D. SELL, subsp. *cambrensis* (R. H. ROBERTS) R. H. ROBERTS, *D. cambrensis* (R. H. ROBERTS) AVER.

B: Pflanze 20–30 cm hoch. Stengel dick, oben rinnig und purpurn überlaufen. Laubblätter 6–8, schmal- bis breitlanzettlich, bis 12,5 cm lang, schräg aufwärts gerichtet, an der Spitze nicht kappig zusammengezogen, meist violettbraun spärlich bis dicht gefleckt, selten ungefleckt. Blütenstand breit wal-

unten länger, oben kürzer als die Blüten. Sepalen eiförmig-lanzettlich, dreinervig, die seitlichen abstehend bis aufwärts gerichtet, das mittlere leicht nach vorne gekrümmt. Lippe breiter als lang, 8–10 mm lang, 10–13 mm breit; ziemlich flach ausgebreitet, schmal dreilappig mit vorgezogenem Mittellappen, Malzeichnung aus feinen Strichen und Punkten. Sporn kegelförmig, ½ bis ⅔ so lang wie der Fruchtknoten, schräg abwärts gerichtet.
V: Nordwesteuropa
Ä: *D. incarnata* (Blüten kleiner)
BN: l: 22. 6. 86, Limburg;
r: 25. 6. 86, Haarlem (Ho.), H. Reinhard

600

0

sa. Tragblätter kurz. Sepalen elliptisch-eiförmig, 7 mm lang, 2–3 mm breit, die seitlichen waagrecht abstehend. Lippe tief 3lappig, ziemlich flach, Seitenlappen etwas herabgeschlagen, meist breiter als lang, 8 mm breit, elliptisch, Mittellappen etwas vorgezogen. Lippe auf der ganzen Fläche fein dunkel punktiert, seitlich meist zu einer feinen Linie vereint. Sporn schlank, zylindrisch, 7 mm lang, 1 mm breit, kürzer als der Fruchtknoten, abwärts gerichtet.
V: Westirland, NW-England
Ä: *D. praetermissa* (Lippe ungeteilt)
BN: l: 29. 6. 75, Dingle;
r: 30. 6. 75, Inagh (Hb.), W. Wiefelspütz

200

0

zenförmig, dicht reichblütig. Blüten dunkel purpurviolett. Tragblätter kurz. Sepalen eiförmig-lanzettlich, 6,5–9 mm lang, 3–3,5 mm breit, die seitlichen waagrecht abstehend. Lippe schwach bis deutlich 3lappig, breit elliptisch, ziemlich flach, 7–8 mm lang, 9–10 mm breit. Zeichnung im Mittelteil grob dunkel gefleckt, bisweilen schleifenförmig. Sporn ziemlich dick, 5–9 mm lang, 2–3,5 mm breit, abwärts gerichtet, kürzer als der Fruchtknoten.
V: Irland, NW-England
Ä: *D. purpurella*
BN: 27. 6. 75, Kenmare (Hb.), W. Wiefelspütz

200

0

VI/VIII

Dactylorhíza urvilleána
(STEUDEL) H. BAUMANN & KÜNKELE
D'Urvilles Knabenkraut

S: *D. lancibracteata* (K. KOCH) AVER.

B: Pflanze 25–90 cm hoch. Laubblätter 3–8, flach, fast immer gefleckt. Das unterste Blatt breit-lanzettlich, zugespitzt, die folgenden Blätter größer, 5–15 cm, bisweilen bis 25 cm lang, 1,5–6 cm breit, Blütenstand zylindrisch, 5–25 cm lang, dicht-und vielblütig. Blüten mittelgroß, purpurviolett oder rosa. Tragblätter lanzettlich, die unteren bisweilen mehrfach länger (bis zu 10 cm lang) als die Blüten. Sepalen eiförmig-lanzett-

V/VII

Dactylorhiza saccífera
(BRONGN.) SOÓ
Sackförmiges Knabenkraut

S: *D. maculata* subsp. *saccifera* (BRONGN.) DIKLIĆ

B: Pflanze 25–70 cm hoch. Stengel voll, oben rinnig. Laubblätter 4–10, gefleckt, gefaltet, abstehend bis schräg aufwärts gerichtet, teilweise überhängend. Das unterste Blatt eiförmig, kurz, die mittleren breit-lanzettlich, 10–18 cm lang, 2–4 cm breit, in der Mitte am breitesten, obere lanzettlich. Blütenstand 7–18 cm lang, pyramidenförmig, später zylindrisch, locker, 15–80blütig. Blüten mittelgroß, weißlich, hell-lila bis violett.

VI/VII

Dactylorhíza bithýnica
H. BAUMANN
Türkisches Knabenkraut

B: Pflanze 30–50 cm hoch. Stengel aufgerichtet, voll. Laubblätter 5–8, gefleckt, die unteren rinnig, schräg bis steil aufwärts gerichtet. Das unterste Blatt länglich bis eiförmig, kurz, die folgenden lanzettlich, bis 17 cm lang, 2–4 cm breit, im obersten Drittel am breitesten, die obersten lang zugespitzt, 5–6 cm lang. Blütenstand anfangs kegelförmig, zuletzt zylindrisch, 8–15 cm lang, ziemlich locker, 15–40blütig. Blüten ziemlich groß, rosaviolett, selten weiß. Trag-

lich, zugespitzt, die seitlichen 9–17 mm lang, abstehend bis zurückgeschlagen. Lippe breit rundlich-herzförmig, fast flach, breiter als lang, 8–13 mm lang, 9-15 mm breit, zumeist dreilappig mit vorgezogenem Mittellappen und abgerundeten, fast rhomboiden Seitenlappen. Malzeichnung aus unregelmäßigen dunklen Linien und Punkten. Sporn breitzylindrisch, bisweilen aufgeblasen dick, waagrecht, 8–14 mm lang, 2,5–5 mm breit.
V: Nordosttürkei, Kaukasus, Iran
Ä: *D. nieschalkiorum* (Lippe größer)
BN: l: 18. 7. 82, Macka;
r: 30. 5. 81, Giresun (N-Tu.), H.B.

2700
0

○ ◑ ●

Tragblätter viel länger als die Blüten. Seitliche Sepalen eiförmig-lanzettlich, 9–13 mm lang, 3–4,5 mm breit, gefleckt, abstehend bis vorgebeugt. Lippe tief 3lappig mit stark vorgezogenem Mittellappen und gezähnten Seitenlappen, flach, 7,5–10,5 mm lang, 10–15 mm breit. Zeichnung dunkle Striche und Linien, über die Lippe verteilt. Sporn breitzylindrisch, 10–14 mm lang, 2,5–4 mm breit, schräg abwärts gerichtet.
V: Südlicher Balkan
Ä: *D. gervasiana, D. bithynica*
BN: l: 5. 7. 77, Katara, (rechte Pflanze ist ein Bastard mit *D. kalopissii*);
r: 30. 6. 77, Florina (N-Gr.), H.B.

2200
100

○ ◑ ●

blätter grün, die unteren länger als die Blüten. Seitliche Sepalen lanzettlich, 10–12 mm lang, 3–4 mm breit, waagrecht abstehend. Lippe tief 3lappig, 9–11 mm lang, 12–14 mm breit, Seitenlappen gezähnelt, Mittellappen dreieckig, bis 6 mm lang, bisweilen kaum länger als die Seitenlappen. Zeichnung aus dunklen Linien und Punkten. Sporn sackförmig-zylindrisch, aufgeblasen, 11–14 mm lang, 3–4 mm breit, waagrecht abstehend.
V: Türkei
Ä: *D. saccifera* (Blüten kleiner)
BN: 10. 7. 82, Bolu (N-Tu.), H.B.

1700
800

○ ◑ ●

V
VII

Dactylorhíza gervasiána (TOD.)
H. BAUMANN & KÜNKELE
Gervasis Knabenkraut

S: *O. bonanniana* TOD., *O. macrostachys* TIN.

B: Pflanze 30–70 cm hoch. Stengel hohl, rinnig. Laubblätter 3–12, am Stengel verteilt, ziemlich flach, breit-lanzettlich, zugespitzt, gefleckt, selten ungefleckt. Das unterste Blatt meist elliptisch, kurz. Die folgenden sind die längsten, abstehend bis überhängend, mit der größten Breite zwischen Basis und Blattmitte. Nach oben folgen 2–4 lang zugespitzte tragblattartige Stengelblätter. Blütenstand zylindrisch, dicht- und

VI
VII

Dactylorhíza maurúsia
(EMBERGER & MAIRE) J. HOLUB
Maurisches Knabenkraut

S: *D. maculata* subsp. *maurusia* (EMBERGER & MAIRE) SOÓ

B: Pflanze 25–50 cm hoch. Stengel ziemlich hohl. Laubblätter 2–4, am Stengel verteilt, grün, ungefleckt, aufgerichtet, scheidig den Stengel umfassend, flach, länglich-lanzettlich, zugespitzt, 6–18 cm lang, 2 cm breit. Nach oben folgen 1–2 tragblattartige Stengelblätter. Blütenstand zylindrisch, locker, 10–25blütig. Blüten mittelgroß, lila, Zeichnung aus dunkelroten Linien. Tragblätter grün, länger als die Blüten.

V
VIII

Dactylorhíza maculáta (L.) SOÓ
Geflecktes Knabenkraut
subsp. maculata
Gewöhnliche Unterart

S: *D. fuchsii* (DRUCE) SOÓ, *D. longebracteata* (F. W. SCHMIDT) J. HOLUB

B: Pflanze 15–100 cm hoch. Stengel nicht hohl, oberwärts etwas kantig. Laubblätter 5–10, oberseits dunkelgrün, dunkelbraun bis schwärzlich gefleckt, seltener ungefleckt, unterseits bläulichgrün. Untere Blätter lanzettlich, stumpf oder spitz, 5–10 cm lang, 2–4 cm breit, größte Breite in der Mitte, nach oben kürzer werdend. Blütenstand zy-

vielblütig. Blüten ziemlich groß, hellrosa bis dunkelpurpurn. Tragblätter lanzettlich. Sepalen schmal-lanzettlich, die seitlichen abstehend bis zurückgeschlagen. Lippe aus keilförmigem Grunde tief dreilappig, erheblich breiter als lang, flach, der Mittellappen bisweilen erheblich vorgezogen, Seitenlappen rundlich-viereckig, an den Seiten ausgerandet bis gezähnelt. Malzeichnung dunkle kräftige Streifen und Punkte. Sporn zylindrisch-kegelförmig, so lang wie oder länger als der Fruchtknoten, schwach abwärts gerichtet.
V: Sizilien, Süditalien
Ä: *D. maculata, D. saccifera*
BN: 25. 5. 80, Randazzo (Si.), H.B.

1500
400

Sepalen eiförmig-länglich, abgestumpft, die seitlichen aufgerichtet, das mittlere mit den Petalen über die Säule gebogen. Sepalen 9–10 mm lang, 3–4 mm breit. Petalen kürzer, 7–9 mm lang, 3 mm breit. Lippe rundlich bis queroval, breiter als lang, 8–10 mm lang, 10–12 mm breit, vorne 3lappig. Mittellappen dreieckig, etwas vorgezogen, Seitenlappen gezähnelt. Sporn zylindrisch, dünn, abwärts gerichtet, etwas länger als der Fruchtknoten, 10–12 mm lang, 2–3 mm breit.
V: Marokko (Rif-Gebirge)
Ä: *D. maculata*
BN: 29. 5. 75, Ketama (N-Ma.), H.B.

1900
1500

lindrisch, 5–20 cm lang, dichtblütig. Blüten lila, rosa bis weiß. Tragblätter grün, oft purpurn überlaufen. Sepalen verlängert-lanzettlich, dunkler punktiert, die seitlichen abstehend bis zurückgeschlagen. Lippe 5–10 mm lang und breit, rundlich, sattelförmig, dreilappig. Mittellappen kürzer oder länger als die rhombischen Seitenlappen. Malzeichnung symmetrisch angeordnet, purpurviolette Flecken oder Linien. Sporn meist etwas kürzer als der Fruchtknoten, schief abwärts gerichtet.
V: Weite Teile von Europa
Ä: Übrige Unterarten
BN: 22. 7. 87, Katschberg (Au.), H.B.

2300
0

VI
VII

Dactylorhíza maculáta subsp. battandiéri (RAYNAUD) H. BAUMANN & KÜNKELE
Battandiers Unterart

S: *D. battandieri* RAYNAUD

B: Pflanze schlank, 20–55 cm hoch. Stengel hohl. Laubblätter 3–4 und 2–4 tragblattartige Hochblätter, schmal eiförmig, gefleckt. Blütenstand zylindrisch, dicht. Tragblätter kurz. Blüten groß, hell-lila oder weißlichviolett. Se-

VI
VII

Dactylorhíza maculáta subsp. caramulénsis VERMEUL.
Portugiesische Unterart

B: Pflanze kräftig, 30–55 cm hoch. Stengel voll, oben rinnig. Laubblätter 3–4 und 2–4 tragblattartige Hochblätter, breit-lanzettlich, die unteren dicht beisammen, schräg aufgerichtet bis überhängend, gefleckt. Blütenstand zylindrisch, locker. Tragblätter schmallanzettlich, sehr lang, die unteren doppelt so lang wie die Blüten, nach innen gebogen. Blüten groß, hell bis dunkel-

VI
VII

Dactylorhíza maculáta subsp. transsilvánica (SCHUR) SOÓ
Rumänische Unterart

S: *D. fuchsii* subsp. *transsilvanica* (SCHUR) FRÖHNER, *D. transsilvanica* (SCHUR) AVER.

B: Pflanze schlank, 20–50 cm hoch. Stengel voll, oben rinnig. Laubblätter 3–4, am Grunde gehäuft, nach oben 3–4 tragblattartige Stengelblätter, Stengel großteils kahl wirkend, länglich, stumpf, schräg aufwärts gerichtet, ungefleckt. Blütenstand kurz, eiförmig bis zylindrisch, dicht. Tragblätter sehr kurz. Blü-

palen länglich-eiförmig, 9–11 mm lang und 2–3 mm breit. Petalen 7–8 mm lang und 2,5 mm breit. Lippe 3lappig, 9–10 mm lang und 10–14 mm breit, breiter als lang. Zeichnung aus dunkel rotvioletten Punkten oder kurzen Strichen bestehend. Sporn zylindrisch, abwärts gerichtet, 8–10 mm lang und 2,5 mm breit, etwa so lang wie der Fruchtknoten.
V: Nordalgerien (Kleine Kabylei)
Ä: *D. elata*
BN: 25. 5. 74, Tizi Ozou (N-Ag.), H.B.

1600 – 1300

purpurn. Seitliche Sepalen aufgerichtet, gefleckt. Lippe breiter als lang, 10–11 mm lang, 15 mm breit, ziemlich flach, 3lappig, Mittellappen klein, kürzer als die Seitenlappen. Zeichnung dunkler, Linien und Schleifen, über die ganze Lippe verteilt. Sporn sehr lang, 10 mm lang, 2,5–3 mm dick, bogig abwärts gerichtet, etwa so lang wie der Fruchtknoten.
V: Portugal
Ä: subsp. *maculata*
BN: 25. 5. 79, Sierra de Caramulo (Lu.), H.B.

1000 – 600

ten mittelgroß, gelblich weißlich bis blaß violett. Seitliche Sepalen waagrecht abstehend. Lippe queroval bis fast kreisförmig, 8–11 mm lang, 12–16 mm breit, ziemlich flach, 3lappig, Mittellappen schmal, unscheinbar. Zeichnung fehlend oder nur blasse Striche und Punkte. Sporn walzlich, ziemlich dick, 7–12 mm lang, 2–3 mm breit, schräg abwärts gerichtet, etwa so lang wie der Fruchtknoten.
V: Südost-Europa
Ä: subsp. *okellyi* (Sporn dünn)
BN: l: 29. 7. 80, Vatra Dornei (Rm.); r: 6. 6. 81, Titovo Uzice (S-Ju.), H.B.

1200 – 100

V/VII

Dactylorhíza maculáta subsp. ericetórum (E. F. Linton) P. F. Hunt & Summerh.
Heiden-Unterart

S: *D. ericetorum* (E. F. Linton) Aver.

B: Pflanze 15–60 cm hoch. Stengel voll, oben rinnig. Laubblätter 3–4 und 1–4 tragblattartige Hochblätter, das unterste kurz, die folgenden Blätter auffallend schmal-lanzettlich, auf großer Länge gleichmäßig breit, schräg aufwärts gerichtet, oberseits meist gefleckt. Blütenstand kegelförmig bis zylindrisch, 5–10 cm lang, 3–3,5 cm breit, dicht. Blüten groß, blaß, rosaviolett bis

VI/VII

Dactylorhíza maculáta subsp. hebridénsis (Wilmott) H. Baumann & Künkele
Hebriden-Unterart

S: *D. fuchsii* subsp. *hebridensis* (Willmott) Soó

B: Pflanze schlank, 15–35 cm hoch. Stengel voll, oben rinnig. Laubblätter 3–5 und 3–5 tragblattartige Hochblätter, gleichmäßig am Stengel verteilt, das unterste kurz, die folgenden breit-lanzettlich, schwach gefaltet, oberseits gefleckt, schräg aufgerichtet. Blütenstand eiförmig, kurz und breit, 5–7 cm lang, 3,5–4 cm breit, dicht, reichblütig. Blüten

V/VI

Dactylorhíza maculáta subsp. okéllyi (Druce) H. Baumann & Künkele
O'Kellys Unterart

S: *D. fuchsii* subsp. *okellyi* (Druce) Soó, *D. okellyi* (Druce) Aver.

B: Pflanze schlank, 20–40 cm hoch. Stengel voll, bisweilen hin und her gebogen, oben rinnig. Laubblätter 3–5 und 3 tragblattartige Hochblätter, eiförmig-lanzettlich, flach, ungefleckt, abstehend bis sichelförmig gebogen, bis 8 cm lang und 2 cm breit. Blütenstand schmal zylindrisch, dicht, reichblütig,

weißlich. Tragblätter kurz, die Blüten nicht überragend. Seitliche Sepalen abstehend bis leicht vorgezogen, purpurn gefleckt. Lippe breiter als lang, fast rund, flach, 6–10 mm lang, 10–13 mm breit, vorne 3lappig, Mittellappen klein. Zeichnung dunkler, Flecken und Striche, bisweilen Linien und Schleifen. Sporn sehr dünn und kurz, zylindrisch, 4–5 mm lang, 1–1,5 mm breit, schräg abwärts gerichtet.
V: Nordwest-Europa
Ä: subsp. *hebridensis*
BN: l: 8. 7. 73, Onich, W. Wiefelspütz; r: 16. 8. 84, Kilbury (Br.), H.B.

400
0

ziemlich groß, intensiv purpurrot. Tragblätter kurz. Sepalen breit-lanzettlich, die seitlichen abstehend, gefleckt, das mittlere mit den Petalen über die Säule gebogen. Lippe breit, 3lappig, flach, 5–9 mm lang, 10–15 mm breit, Seitenlappen groß, am Rande gekerbt, Mittellappen kaum vorgezogen. Zeichnung dunkler, Flecken und Striche. Sporn walzlich, dünn, 7–8,5 cm lang, 1–2 mm breit, abwärts gerichtet.
V: Nordwestengland, West-Irland
Ä: subsp. *ericetorum, – maculata*
BN: l: 13. 7. 73, Barra; r: 11. 7. 73, South Uist (Hebriden), W. Wiefelspütz

100
0

4 cm lang. Tragblätter kurz. Blüten klein, rein weiß bis blaß fleischfarben. Seitliche Sepalen abstehend bis vorgebogen. Lippe klein, 5,5 mm lang, 8 mm breit, flach, 3lappig, Mittellappen etwa so lang wie die Seitenlappen. Ohne Zeichnung oder nur schwach ausgeprägt. Sporn zylindrisch, 7 mm lang, 1 mm breit, abwärts gerichtet, fast so lang wie der Fruchtknoten.
V: Irland, Schottland
Ä: Weißblühende *D. maculata*
BN: 5. 7. 76, Ballyvaughan (Hb.), W. Wiefelspütz

500
200

IV
VIII

Epipáctis veratrifólia Boiss. & Hohen.
Germerblättrige Stendelwurz

S: *E. consimilis* Hook. fil., *E. wallichii* Schlechter, *E. somaliensis* Rolfe

B: Pflanze 20–150 cm hoch. Stengel unten kahl, oberwärts dicht flaumig. Laubblätter 3–10, eiförmig-lanzettlich zugespitzt, unten mit kurzer Scheide, die mittleren 8–25 cm lang, 1–5 cm breit, nach oben in die Tragblätter übergehend. Blütenstand 10–60 cm lang, lokker, wenig- bis vielblütig. Tragblätter eiförmig bis lanzettlich, die unteren bisweilen laubblattähnlich, bis zu 25 cm lang, nach oben kleiner werdend. Blü-

VI
VIII

Epipáctis palústris (L.) Crantz
Sumpf-Stendelwurz

S: *Helleborine palustris* (L.) Cr.

B: Pflanze 10–70 cm hoch. Stengel unten kahl, oberwärts dicht flaumig behaart. Laubblätter graugrün, etwas rinnig, unterseits mit kielartig vorspringenden Nerven, die unteren länglich-eiförmig bis länglich-lanzettlich, spitz, am Grunde kurzscheidig, 8–15 cm lang, 2,5–4 cm breit, die oberen lanzettlich, lang zugespitzt. Blütenstand 6–20 cm lang, locker. Blüten ziemlich groß, nach unten hängend. Tragblätter lanzettlich, zugespitzt, kürzer als die Blüten. Perigonblätter anfangs glockig

V
VIII

Epipáctis microphýlla (Ehrh.) Sw.
Kleinblättrige Stendelwurz

S: *Helleborine microphylla* (Erh.) Schinz & Thell.

B: Pflanze 15–45 cm hoch. Stengel und Fruchtknoten dicht graufilzig behaart. Laubblätter sehr klein, 2–6, graugrün, schmal-lanzettlich bis eiförmig, am Grunde mit kurzer Scheide, die mittleren am größten, 2–5 cm lang, 0,3–3 cm breit, die oberen linealisch. Blütenstand locker, wenig- bis reichblütig, zumeist einseitswendig. Blüten klein, grünlich, außen oft rötlichviolett überlaufen. Perigonblätter glockenförmig zusammen-

ten groß, grün, purpurn gestreift bis überlaufen. Perigonblätter ziemlich abstehend. Sepalen eiförmig-lanzettlich, 13–21 mm lang, grün, außen teilweise purpurn getönt. Petalen deutlich kürzer, hellgrün, bräunlichrot getönt. Lippe bogig, geteilt. Hinterlippe schmal kahnförmig, 10–12 mm lang, mit zwei aufgerichteten Seitenlappen. Vorderlippe eiförmig-lanzettlich, Seitenlappen aufgerichtet, 9–11 mm lang, gelbbraun, Spitze weiß.
V: Türkei, Zypern, Israel
Ä: Unverwechselbar
BN: l: 13. 6. 85, Troodos (Cyp.); r: 26. 5. 81, Adiyaman (SE-Tu.), H.B.

2500
200

zusammenneigend. Sepalen eiförmiglanzettlich, zugespitzt, außen schmutzig rötlich oder grünlich, innen bräunlich bis gelblichgrün. Petalen kürzer, stumpf, weiß, am Grunde rosa. Lippe zweigliedrig, 10–12 mm lang. Hinterlippe weiß, rot geadert, am Grunde orange gestreift. Vorderlippe beweglich, rundlich, am Rande wellig-gekerbt, weiß, am Grunde mit zwei weißgelben Längsleisten. Fruchtknoten dicht flaumig behaart. Entwickelt vielfach auch nichtblühende Sprosse.
V: Europa, Kleinasien
Ä: Unverwechselbar
BN: 20. 7. 87, Calw (S-Ge.), H.B.

2100
0

neigend. Sepalen länglich-eiförmig, zugespitzt, 6–8 mm lang, 3 mm breit. Petalen schmäler, dreieckig-eiförmig, weißlichgrün. Lippe 6 mm lang. Hinterlippe innen rosa, außen grünlichbraun. Vorderlippe rundlich-herzförmig, 3–4 mm lang, an den Rändern gekerbt bis gekräuselt, am Grunde mit 2 deutlichen, gelappten krausfaltigen Höckern mit dreieckigen krausen Ausläufern, grünlichweiß, zuweilen rötlich überlaufen. Entwickelt keine nichtblühenden Sprosse.
V: Mittel- und Südeuropa, Kleinasien
Ä: *E. parviflora* (Blüten rot)
BN: 13. 7. 87, Falakron-Geb. (N-Gr.), H.B.

1700
0

VII
VIII

Epipáctis thessála
B. & H. BAUMANN
Thessalische Stendelwurz

S: *Epipactis atrorubens* auct.

B: Pflanze 25–50 cm hoch. Stengel rotviolett, unten kahl, im Bereich der Blüten wollig filzig behaart. Laubblätter 7–11, zweizeilig, rotviolett, am Grunde mit 1–3 Scheidenblättern. Blätter abstehend, leicht gefaltet, das größte 1,3–2,6 cm breit und 4,7–7,0 cm lang, länglich-eiförmig. Tragblätter dunkelgrün, die unteren etwa so lang wie die Blüten. Blütenstand meist locker, 5–15 cm lang, ziemlich einseitswendig. Fruchtknoten rostbraun, wollig graufilzig. Sepalen

V
VII

Epipáctis parviflóra (A. & CH. NIESCHALK) E. KLEIN
Kleinblütige Stendelwurz

S: *E. atrorubens* subsp. *parviflora* A. & CH. NIESCHALK

B: Pflanze 15–50 cm hoch. Stengel dick, graugrün bis violettgrün, dicht graufilzig behaart. Laubblätter zweizeilig, silbrig-graugrün, bisweilen blauviolett gefärbt, die mittleren rundlich-eiförmig bis eiförmig-lanzettlich, die oberen lanzettlich, tragblattartig. Blütenstand gestreckt, ziemlich locker. Blüten auffällig klein, hellfarbig, abstehend. Tragblätter lineal-lanzettlich. Perigonblätter ziemlich geöffnet. Sepalen eiförmig,

VI
VII

Epipáctis atrorúbens (HOFFM. ex BERNH.) BESSER
Braunrote Stendelwurz

S: *E. rubiginosa* (CRANTZ) W. KOCH, E. atropurpurea auct. (non RAF.)

B: Pflanze 20–80 cm hoch. Stengel oberwärts dicht flaumig behaart, oft rötlich überlaufen. Laubblätter 5–9, ziemlich gleichmäßig am Stengel verteilt, oft zweizeilig, dunkel gräulichgrün, unten öfters rot-violett überlaufen, länglich-eiförmig, 4–8 cm lang, 1,5–4 cm breit, oft sichelartig gekrümmt. Blütenstand 7–20 cm lang, vielblütig. Blüten ziemlich klein, purpurviolett bis rotbraun, nach

konkav, 3,6–4,7 mm breit und 6,0–8,0 mm lang, grün bis braun. Petalen kürzer, braunrot, 3,1–4,3 mm breit und 5,0–7,0 mm lang. Lippe 4,8–6,0 mm lang. Hinterlippe kugelig-napfförmig, innen dunkel, außen olivgrün. Vorderlippe kreisrund, herzförmig, am freien Ende zugespitzt, 2,2–2,5 mm lang und 3,5–5,0 mm breit, am Rande gezähnelt, am Grunde mit zwei runzeligen Höckern, braunrot, am Rande gelblich gefärbt. Rostellum funktionstüchtig.
V: Mittel- bis Nordgriechenland
Ä: *E. atrorubens, E. parviflora*
BN: l: 20. 7. 81, Trikala;
r: 1. 8. 85, Kalambaka (Gr.), H.B.

1700
700

kurz zugespitzt, 5–6 mm lang, 3 mm breit, außen graugrün, stark drüsig behaart, innen gelblich bis hellgrünlich. Petalen graugrün bis gelblich, in der Mitte violett getönt. Lippe zweigliedrig. Hinterlippe schüsselförmig, innen dunkelbraun. Vorderlippe sehr klein, breit herzförmig, Spitze winzig, zurückgeschlagen, 3,5–4 mm breit, 2–2,5 mm lang, weißlich bis rosa, in der Mitte dunkler, am Rande ausgerandet bis gezähnelt, am Grunde schwachrunzlig gehöckert. Pflanzen in der Regel einzeln, ohne blütenlose Sprosse.
V: Spanien
Ä: *E. atrorubens, E. thessala*
BN: l: 28. 5. 80, Orcera (S-Hs.);
r: 12. 6. 80, Tarragona (E-Hs.), H.B.

1500
1200

Vanille duftend. Tragblätter lanzettlich bis eiförmig, zugespitzt. Perigonblätter ausgebreitet, braunrot oder rotviolett. Sepalen eiförmig, zugespitzt, 6–8 mm lang, 3 mm breit. Petalen etwas kürzer, elliptisch. Lippe zweigliedrig, 5,5–6,5 mm lang. Hinterlippe topfförmig, dunkelviolett. Vorderlippe herzförmig, 3 mm lang, 4–5 mm breit, am Rande meist gekerbt, violett, am Grunde mit zwei runzeligen Höckern. Fruchtknoten dichtflaumig behaart.
V: Mittel-, Nord- und Osteuropa
Ä: *E. thessala, E. parviflora*
BN: 18. 7. 87, Wildberg (S-Ge.), H.B.

2400
0

VI
VIII

Epipáctis condensáta BOISS. ex D. P. YOUNG
Dichtblütige Stendelwurz

S: *E. helleborine* subsp. *condensata* (D. P. YOUNG) SUNDERM.

B: Pflanze 15–75 cm hoch. Stengel dick, oberwärts dicht braungelb oder graufilzig behaart. Laubblätter zahlreich, bräunlich-gelbgrün, nur gelegentlich purpurn überlaufen, die unteren rundlich-scheidenförmig, die mittleren eiförmig bis eiförmig-lanzettlich, zugespitzt, tütenförmig bis rinnig gefaltet, ziemlich klein, 3,5–9 cm lang, 2–4,5 cm breit. Blütenstand vielblütig. Blüten abstehend bis leicht herabhängend. Tragblätter lanzettlich, bis zu 4 cm lang

VI
VII

Epipáctis crética KALOPISSIS & ROBATSCH
Kretische Stendelwurz

B: Pflanze 10–40 cm hoch. Stengel dick, violett-grünlich, unten kahl, oben spärlich behaart. Laubblätter 2–4, oben grün, unten violett, bis 4 cm lang und 3,5 cm breit, das unterste tütig, stumpf, obere länglich-eiförmig, zugespitzt. Tragblätter lanzettlich, bis 4,5 cm lang, 2 cm breit. Blütenstand locker, bis 20 Blüten, ziemlich einseitswendig, nik-

VIII
IX

Epipáctis réchingeri RENZ
Rechingers Stendelwurz

B: Pflanze 20–70 cm hoch. Stengel dick, mit wenigen Blättern, unten kahl, oberwärts schwach behaart, grünlich-violett. Laubblätter 3–5, am Stengel verteilt, klein, 3–5 cm lang, 2–3 cm breit, oben dunkelgrün, unten oft intensiv violett überlaufen, das unterste rundlich-eiförmig, die folgenden eiförmig-lanzettlich, das oberste tragblattartig. Blütenstand langgestreckt (bis 35 cm), vielblütig. Blüten ziemlich groß. Tragblätter lanzettlich, nach oben kleiner werdend. Perigonblätter weit geöffnet,

und 0,8 cm breit. Perigonblätter glokkenförmig zusammenneigend, eiförmig, zugespitzt. Sepalen hellgrün, 11 mm lang, 7 mm breit. Petalen zartrosa, in der Mitte weißlich, an der Spitze gelb. Lippe zweigliedrig. Hinterlippe schüsselförmig, innen tiefbraun bis purpurschwarz. Vorderlippe breit-dreieckig bis herzförmig, stumpf, an der Spitze etwas gekrümmt, weißlich, 4 mm lang, 6 mm breit, mit zwei großen violetten, runzligen Höckern. Rostellum vorhanden, wirksam.

V: Vorderasien (Türkei, Cypern, Libanon)

Ä: *E. persica, E. troodi*

BN: l: 25. 6. 78, Bolu (W-Tu.);
r: 5. 7. 78, Gemüshane (NE-Tu.), H.B.

2000

600

kend. Blüten wachsig, grün-rot. Sepalen eiförmig, stumpf, bis 9 mm lang und 5 mm breit, grau-grün. Petalen kürzer und schmäler, rot-grün. Lippe 9–10 mm lang. Hinterlippe kugelförmig, grünlich, innen dunkelbraun. Vorderlippe grünlich, innen dunkelbraun. Vorderlippe rundlich herzförmig, grün, am Rande rötlich, am Grunde gezähnelt, vorgestreckt. Rostellum funktionstüchtig.

V: Kreta

Ä: *E. microphylla, E. persica*

BN: 8. 6. 86, Kritsa (Cr.), H.B.

1400

1000

Sepalen länglich-lanzettlich, 11–14 mm lang, 5–7 mm breit, oliv-grün, violett angehaucht, wachsartig. Petalen eiförmig, spitz, 10–12 mm lang, 5–7 mm breit, hellgrün oder grün-rosa. Lippe vorgestreckt. Hinterlippe groß, 5 mm lang, 6 mm breit, schüsselförmig, innen schwärzlich. Vorderlippe breit, dreieckig, 4–5 mm lang, 5–6 mm breit, am Rande gekräuselt, am Grunde mit 2 undeutlichen Höckern, hellgrün, rosa getönt. Rostellum vorhanden.

V: Nord-Iran

Ä: *E. purpurata*

BN: 24. 8. 73, Sang-Deh (N-Pe.), J. Renz

2200

1400

VII
IX

Epipáctis purpuráta SM.
Violette Stendelwurz

S: *E. violacea* (DURAND-DUQ.) BOREAU, *E. sessilifolia* PETERM.

B: Pflanze 20–80 cm hoch. Stengel steif, meist bis zur Spitze violett überlaufen. Laubblätter am Stengel verteilt, 4–10, klein, beim Austrieb stark violett überlaufen, später graugrün, die untersten stark scheidenartig, die mittleren eiförmig-lanzettlich bis schmal-lanzettlich, 5–10 cm lang, 2–5 cm breit, aufgerichtet bis abstehend. Blütenstand 5–30 cm lang, zumeist dicht- und vielblütig. Tragblätter abstehend bis herabhängend. Blüten ziemlich groß, grünlichweiß, violett angelaufen. Perigon-

VII
VIII

Epipáctis pérsica (SOÓ) NANNF.
Persische Stendelwurz

S: *E. helleborine* subsp. *persica* (SOÓ) SUNDERM.

B: Pflanze 10–60 cm hoch. Stengel mit 3–4 Laubblättern, oberwärts schwach flaumig behaart bis kahl. Laubblätter im Mittelteil des Stengels angeordnet, das unterste 10–20 cm über dem Boden, elliptisch oder eiförmig-lanzettlich, kurz zugespitzt, 3–8 cm lang, 1,5–4,5 cm breit, grün. Blütenstand 5–30 cm lang, locker, wenig- bis vielblütig. Blüten ziemlich klein, grün. Tragblätter lanzettlich, die unteren bis zu 5 cm lang. Peri-

VII
VIII

Epipáctis gracilis
B. & H. BAUMANN
Zierliche Stendelwurz

S: *Epipactis persica* auct.

B: Pflanze 20–35 cm hoch. Stengel dünn, grün, unten kahl, oben spärlich behaart. Laubblätter 4–6, davon 2 scheidenartige Grundblätter und 2–4 im oberen Teil des Stengels stehende Laubblätter. Laubblätter dunkelgrün, locker angeordnet, das größte nur 1,0–2,0 cm breit und 3,0–5,0 cm lang, elliptisch. Das oberste Stengelblatt erreicht den Blütenstand. Blütenstand lockerblütig mit 3–9 Blüten, ziemlich einseitswendig. Blüten nickend, hellgrün. Se-

blätter glockig-abstehend, außen grünlich, innen grünlichweiß oder gelblichgrün. Sepalen eiförmig-lanzettlich, zugespitzt, 10–12 mm lang. Petalen kürzer. Lippe 8–10 mm lang, zweigliedrig. Hinterlippe schüsselförmig, außen grünlichweiß, innen hellviolett, am Grunde dunkelbraun, glänzend. Vorderlippe herzförmig, 4 mm lang, 5 mm breit, am Rande wellig, an der Spitze zurückgeschlagen, weißlich. Rostellum vorhanden. Entwickelt keine nichtblühenden Sprosse.
V: Mittel- und Südosteuropa
Ä: *E. helleborine* (Blätter grün)
BN: 26. 8. 87, Bebenhausen (S-Ge.), H.B.

1300
0

gonblätter glockenförmig zusammenneigend. Sepalen eiförmig-lanzettlich, bis zu 10 mm lang. Petalen deutlich kürzer, eiförmig, hellgrün. Hinterlippe topfförmig, außen olivgrün, innen braungrün, glänzend. Vorderlippe dreieckig-rundlich, 3,5 mm lang, am Rande gezähnelt, am Grunde mit zwei kahlen Höckern, hellgrün, am Grunde oft rosaviolett überlaufen. Rostellum weißlich, in der frischen Blüte sichtbar, rasch vertrocknend und funktionsuntüchtig.
V: Kleinasien (Türkei, Iran)
Ä: *E. gracilis, E. helleborine*
BN: 16. 7. 84, Boyabat (N-Tu.), H.B.

2700
200

palen eiförmig, 3,8–4,1 mm breit und 9,0–10,0 mm lang. Petalen kürzer, 3,5–3,8 mm breit und 7,5–8,7 mm lang. Lippe 7,0–7,5 mm lang. Hinterlippe kugelförmig, außen olivgrün, innen dunkelbraun. Vorderlippe herzförmig, 3,5–4,1 mm breit und 3,9–4,3 mm lang, an der Spitze abwärts gekrümmt, am Grunde mit zwei runzeligen Höckern, an den Rändern hellgrün, in der Mitte rosa überlaufen. Rostellum funktionsuntüchtig.
V: In Buchenwäldern von Nordgriechenland und Süditalien
Ä: *E. persica, E. meridionalis*
BN: l: 15. 7. 81, Naousa;
r: 5. 8. 85, Kalambaka (N-Gr.), H.B.

1700
700

V
VII

Epipáctis tróodi H. LINDB.
Zyprische Stendelwurz

S: *E. helleborine* subsp. *troodi* (H. LINDB.) SUNDERM.

B: Pflanze 15–45 cm hoch. Stengel fast kahl, dunkelgrün bis purpurngrau. Laubblätter 3–4, spiralig am Stengel verteilt, eiförmig bis schmal-elliptisch, den Stengel scheidenförmig umfassend, 3,5–6 cm lang, 0,7–2,8 cm breit, dunkelgrün, stark purpurnviolett überzogen. Blütenstand locker, bis 30blütig. Tragblätter schmal-elliptisch, nach oben kleiner werdend, Blüten hängend,

VI
VIII

Epipáctis greúteri H. BAUMANN & KÜNKELE
Greuters Stendelwurz

B: Pflanze 20–60 cm hoch. Stengel beblättert, im unteren Teil mit 2–4 Scheidenblättern, darüber 4–6 dunkelgrüne, stark rinnige Stengelblätter, die kürzer oder nur wenig länger als die Stengelglieder sind. Die größten Blätter sind 2–3 cm breit, 5–8 cm lang. Der Blütenstand nimmt ⅓ bis fast ½ des Stengels ein, ist braungrün gefärbt, dicht grau behaart, 4–8 cm lang, 5–25 lockerblütig. Tragblätter unten länger als die Blüten, oben hängen sie abwärts. Blüten lang gestielt, die Stielchen 5–10 mm

VI
VIII

Epipáctis muélleri GODF.
Müllers Stendelwurz

S: *E. helleborine* subsp. *muelleri* (GODF.) SOÓ

B: Pflanze schlank, 20–80 cm hoch. Stengel gelblichgrün, oberwärts filzig behaart. Laubblätter 5–10, lanzettlich, rinnig gefaltet, sichelförmig gebogen, am Rande wellig, 4–10 cm breit, gelblichgrün, nach oben tragblattartig. Blütenstand 5–20 cm lang, 10- bis 40blütig. Blüten ziemlich klein, hängend. Tragblätter lineal-lanzettlich, die unteren länger als die Blüten. Perigonblätter

grün. Perigonblätter ziemlich abstehend. Sepalen eiförmig-elliptisch, spitz, 10–12 mm lang, 4–6 mm breit, gelbgrün bis olivgrün. Petalen kürzer, weißgrün, Lippe 7–9 mm geteilt. Hinterlippe schüsselförmig, olivgrün, innen rötlich. Vorderlippe dreieckig-eiförmig, 4–5 mm lang, abgestumpft, am Rande gekräuselt, am Grunde 2 Schwielen, rot purpurn, in der Mitte grün. Rostellum funktionstüchtig. Einzeln oder in Büscheln.

V: Zypern: Troodosgebirge
Ä: *E. persica*
BN: 14. 6. 85, Pano Platres (Cyp.), H.B.

2100
800

lang. Die Blüten hängen abwärts und sind nicht sehr weit geöffnet. Sepalen hellgrün, eiförmig zugespitzt, 9–12 mm lang, 4–5 mm breit, Petalen hellrosa, 8–9 mm lang, 4–6 mm breit. Hinterlippe napfförmig aufgewölbt, Nektar enthaltend, das Innere grüngelb bis rotbraun. Vorderlippe dreieckig, hellgrün, hellrosa bis rein weiß, an der Spitze leicht zurückgebogen. Lippe 7–9 mm lang, 5 mm breit. Rostellum nur in der frisch geöffneten Blüte vorhanden, funktionsuntüchtig.

V: Griechenland
Ä: *E. helleborine*
BN: 23. 7. 81, Trikala (Gr.), H.B.

1000
0

glockig zusammenneigend, gelblichgrün. Sepalen eiförmig-lanzettlich, 7–11 mm lang. Lippe zweigliedrig, 7–10 mm lang. Hinterlippe schüsselförmig, innen tiefrot. Vorderlippe herzförmig bis dreieckig, ziemlich stumpf, Spitze zurückgeschlagen, hellrosa bis grünlichweiß. Rostellum fehlt. Anthere sitzend. Pollinien ragen etwa zur Hälfte über die Narbe heraus. Autogam. Entwickelt keine nichtblühenden Sprosse.

V: Mitteleuropa, Italien
Ä: *E. helleborine*
BN: 10. 8. 87, Freudenstadt (S-Ge.), H.B.

1000
0

VI
VII

Epipáctis póntica TAUBENHEIM
Pontische Stendelwurz

S: *E. helleborine* subsp. *pontica* (TAUBENHEIM) SUNDERM.

B: Pflanze 15–40 cm hoch. Stengel dünn, oberwärts dicht kurzhaarig. Laubblätter 4–6, im Mittelteil des Stengels angeordnet, das unterste Blatt oval, tütig, stumpf, 1,2–4,2 cm lang, 0,7–1,8 cm breit, die folgenden länglich-lanzettlich, spitz, 3–8,5 cm lang, 1–2 cm breit, an den Rändern wellig, Blütenstand kurz, 3–6,5 cm lang, 7- bis 14blütig, locker. Blüten klein, abstehend bis hängend, grünlich. Tragblätter lanzettlich, die untersten 1,2–4 cm lang. Perigonblätter glockig bis ausgebreitet.

VII
VIII

Epipáctis leptochíla (GODF.) GODF.
Schmallippige Stendelwurz

S: *E. helleborine* subsp. *leptochila* (GODF.) SOÓ, *E. cleistogama* C. THOMAS, *E. viridiflava* LÖW

B: Pflanze 20–70 cm hoch. Stengel oberwärts leicht behaart. Laubblätter 4–10, am Stengel verteilt, eiförmig-lanzettlich, spitz, 5–10 cm lang, 2–5 cm breit, gelbgrün bis dunkelgrün, nach oben tragblattartig, meist etwas hängend. Blütenstand 7–25 cm, locker. Blüten abstehend bis hängend, ziemlich groß. Tragblätter lineal-lanzettlich,

VI
VII

Epipáctis dunénsis (T. & T. A. STEPHENSON) GODF.
Dünen-Stendelwurz

S: *E. helleborine* subsp. *dunensis* (T. & T. A. STEPHENSON) SOÓ

B: Pflanze 20–70 cm hoch. Stengel oberwärts dicht behaart. Laubblätter 4–6, in 2 gegenständigen Reihen, länglich-lanzettlich, gelbgrün, gefaltet, am Rande gewellt, schräg aufgerichtet, zugespitzt, das unterste breit eiförmig, stumpf, das oberste tragblattartig. Blütenstand mit 7–20 gelbgrünen Blüten,

Sepalen länglich-oval, kurz zugespitzt, 6–8 mm lang, 2–4 mm breit, grünlich. Petalen etwas kleiner, außen und innen gelblich. Lippe klein, zweigliedrig. Hinterlippe schüsselförmig, außen grünlichweiß, innen olivgrün bis bräunlich, Vorderlippe queroval bis rundlich, stumpf, an der Spitze nicht zurückgebogen, weißlich bis grünlich, am Grunde mit Aufwölbungen. Rostellum funktionsuntüchtig. Autogam. Entwickelt keine nichtblühenden Sprosse. Ohne Büschelbildung.
V: Nordtürkei
Ä: *E. helleborine, E. persica*
BN: l: M. Golte-Bechtle;
r: Sonderheft „Die Orchidee", Aufnahme Taubenheim

1500
600

die unteren länger als die Blüten. Perigonblätter glockenförmig zusammenneigend, lanzettlich, zugespitzt, 7–15 mm lang, innen hellgrün, außen gelblich. Lippe zweigliedrig, 4–9 mm lang. Hinterlippe schüsselförmig mit spitzer Öffnung, innen rötlich, glänzend. Vorderlippe herzförmig, zugespitzt, mit flacher Spitze, gelbgrün bis rosa mit weißem Rand. Rostellum fehlend oder, soweit vorhanden, funktionsuntüchtig. Anthere deutlich gestielt. Autogam.
V: Südengland, Mitteleuropa
Ä: *E. helleborine, E. muelleri*
BN: 4. 8. 84, Newcastle on Tyne (S-Br.), H.B.

1500
200

waagrecht bis hängend, ziemlich geöffnet. Tragblätter lineal-lanzettlich, die unteren länger als die Blüten. Sepalen eiförmig, kurz, 7 mm lang. Petalen deutlich kürzer und schmäler. Hinterlippe topfförmig, olivgrün, innen rosenrot. Vorderlippe breit dreieckig mit zurückgeschlagener Spitze, grünlich-weiß, meist mit zentraler Rille. Rostellum meist fehlend. Pollen quellen auf die Narbe herab (autogam).
V: Nordostengland, Ostirland
Ä: *E. muelleri*
BN: 8. 8. 84, Anglesey (W-Br.), H.B.

100
0

VII / VIII

Epipáctis phyllánthes G. E. SMITH
Grünblütige Stendelwurz

S: *E. cambrensis* C. THOMAS, *E. pendula* C. THOMAS, *E. vectensis* (T. & T. A. STEPHENSON) BROOKE & F. ROSE

B: Pflanze 10–60 cm hoch. Stengel kahl. Laubblätter 3–7, am Stengel verteilt, eiförmig bis lanzettlich, zugespitzt, ziemlich klein, 3–7 cm lang, 2–3,5 cm breit, frisch hellgrün. Blütenstand bis zu 15 cm lang, etwas locker, 15- bis 35blütig. Blüten grün, anfangs abstehend, später stark hängend, Perigonblätter bis zur Samenreife ausdauernd. Tragblätter lineal-lanzettlich, zugespitzt, die unteren etwas länger als die Blüten. Perigonblätter nur schwach geöffnet. Sepalen

V / VII

Epipáctis latína (ROSSI & E. KLEIN) B. & H. BAUMANN
Italienische Stendelwurz

S: *E. helleborine* subsp. *latina* ROSSI & E. KLEIN

B: Pflanze 35–100 cm hoch. Stengel unten kahl, oben leicht flaumig. Laubblätter 5–9, groß, eiförmig bis rund, am Rande stark wellig, am unteren Teil des Stengels dicht gedrängt, der obere Stengelteil kahl, 1–2 tragblattartige Stengelblätter. Blütenstand locker- bis dichtblütig. Blüten groß, grün bis rötlich. Tragblätter lineal-lanzettlich, abstehend. Perigonblätter weit abstehend, eiförmig bis lanzettlich, 8–12 mm lang.

IV / VII

Epipáctis tremólsii PAU
Tremols-Stendelwurz

S: *E. helleborine* subsp. *tremolsii* (PAU) E. KLEIN

B: Pflanze 40–60 cm hoch. Stengel kahl, oberwärts leicht flaumig behaart, austreibend purpurn überlaufen. Laubblätter 6–10, am Stengel verteilt, schräg aufgerichtet, die unteren kurz, scheidenförmig, die mittleren rundlich bis breit eiförmig-lanzettlich, kurz zugespitzt, am Grunde stengelumfassend, an den Rändern gewellt, dunkel olivgrün, die obersten tragblattartig. Blütenstand langgestreckt, etwas locker,

lanzettlich bis eiförmig-lanzettlich, zugespitzt, 8–10 mm lang, hell gelblichgrün, Petalen bisweilen violett getönt. Lippe 6–8 mm lang, zweigliedrig mit allen Übergängen zur sepalförmigen Umgestaltung. Hinterlippe schüsselförmig. Vorderlippe, soweit vorhanden, eiförmig-lanzettlich bis herzförmig, spitz oder zugespitzt, grünlichweiß. Rostellum fehlend (vielfach kleistogam).
V: Irland, England, Frankreich
Ä: *E. dunensis, E. helleborine*
BN: 11. 8. 84, Formby (W-Br.), H.B.

200
0

Sepalen grünlich-gelblich bis violett. Petalen rosa bis purpurn, seltener gelblich, deutlich kürzer. Lippe nach vorne gerichtet. Hinterlippe topfförmig, außen purpurn, innen rotbraun. Vorderlippe herzförmig mit zurückgebogener Spitze, länger als breit, grünlich-weiß bis purpurn, am Grunde mit 2 dunklen glatten Höckern. Rostellum weißlich. Vielfach in Gruppen.
V: Mittel- bis Süditalien, Nordjugoslawien
Ä: *E. helleborine* (Blätter am Stengel verteilt)
BN: l: 22. 7. 86, Alfedena;
r: 28. 7. 86, L'Aquila (M-It.), H.B.

1500
700

vielblütig (bis zu 50 Blüten). Blüten groß. Tragblätter breit-lanzettlich, nach oben kleiner werdend. Perigonblätter ziemlich geöffnet. Sepalen 9,5–12,5 mm lang, 5–6,5 mm breit, gelblichgrün, rosa getönt. Petalen grünlich, am Grunde schwach violett. Lippe zweigliedrig. Hinterlippe schüsselförmig, innen schwarz, außen grün. Vorderlippe breit herzförmig, 4,5–5,5 mm breit, 3–5 mm lang, Spitze kurz, zurückgeschlagen, am Grunde mit Höckern, blaßrosa bis grünlich. Rostellum vorhanden.
V: Westmediterran
Ä: *E. helleborine, E. latina*
BN: l: 25. 5. 80, Ronda;
r: 29. 5. 80. Tarragona (Hs.), H.B.

1500
0

VII
VIII

Epipáctis meridionális
H. BAUMANN & LORENZ
Südliche Stendelwurz

B: Pflanze schlank, 20–40 cm hoch. Stengel 2–4 mm dick, rötlich überlaufen, unten kahl, in der oberen Hälfte stärker behaart. Laubblätter 5–8, grünlich, das unterste scheidenartig, die mittleren vier fast waagrecht abstehend, 1,4–2,7 cm breit und 4–6 cm lang. Blütenstand bis zu 12 cm lang, mit 13–17 mittelgroßen Blüten locker besetzt. Blüten innen grünlich bis rötlich, außen violett überlaufen, glockig bis ausgebreitet. Sepalen eiförmig-lanzettlich, 9–10 mm lang und 5,0–5,5 mm breit.

VI
IX

Epipáctis helleboríne (L.)
CRANTZ
Breitblättrige Stendelwurz

S: *E. latifolia* ALL., *Helleborine latifolia* MÖNCH

B: Pflanze 20–110 cm hoch. Stengel unten kahl, oberwärts bisweilen leicht flaumig behaart. Laubblätter 5–9, abstehend, 6–15 cm breit, eiförmig bis eiförmig-lanzettlich, nach oben kleiner und schmäler werdend, die obersten tragblattartig. Blütenstand bis zu 35 cm lang, meistens vielblütig. Blüten mittelgroß, grünlich bis rötlich. Tragblätter lanzettlich, zugespitzt, abstehend oder nach abwärts gerichtet. Perigonblätter

VII
IX

Epipáctis albénsis NOVÁKOVÁ & RYDLO
Elbe-Stendelwurz

B: Pflanze 10–25 cm hoch. Stengel stets einzeln, hellgrün, unten kahl, oben dicht kurzhaarig. Laubblätter 2–4, eiförmig bis breit-lanzettlich, zugespitzt, 2,5–6 cm lang, 1–2 cm breit, hellgrün, nach oben tragblattartig. Blütenstand 1,5–10 cm lang, einseitig, locker, 3–15blütig. Blüten ziemlich klein, etwas nickend. Tragblätter lanzettlich, die unteren länger als die Blüten. Perigonblätter glokkig zusammenneigend, bisweilen ganz

Petalen eiförmig zugespitzt, 8,5–9,0 mm lang und 4,5–5,0 mm breit, hellgrün bis hellviolett. Hinterlippe topfförmig, außen hellgrün, innen dunkelbraun, 3,5–4,0 mm lang und 4,5–5,0 mm breit. Vorderlippe herzförmig, 3,0–4,0 mm lang und 5,0–6,0 mm breit, am Grunde mit braunvioletten Runzeln. Rostellum in frischem Zustand funktionstüchtig. Fruchtknoten 12 mm lang, zu $\frac{1}{3}$ aus Stiel und zu $\frac{2}{3}$ aus dem Fruchtknoten bestehend, schmutzig grün, leicht flaumig behaart.
V: Süditalien, Sizilien
Ä: *E. helleborine, E. gracilis*
BN: 26. 7. 86, Mte. Gargano (S-It.), H.B.

1500

700

anfangs glockig, zuletzt aber weit abstehend, eiförmig bis lanzettlich, 8–12 mm lang. Sepalen grün oder olivgrün, bisweilen braun überlaufen. Petalen hellgrün, rosa getönt. Lippe nach vorne gerichtet. Hinterlippe topfförmig, außen grün, innen dunkelbraun, glänzend, 4–6 mm lang. Vorderlippe herz- bis eiförmig mit zurückgeschlagener Spitze, bis zu 5 mm lang, am Grunde meist mit zwei glatten Höckern. Klebdrüse am oberen Narbenrand, weißlich, rund. Entwickelt vielfach nichtblühende Sprosse.
V: Europa, Nordafrika, Kleinasien
Ä: *E. leptochila, E. meridionalis*
BN: 14. 8. 87, Böblingen (S-Ge.), H.B.

3700

0

geschlossen, gelblichgrün. Sepalen eiförmig-lanzettlich, zugespitzt, 6–10 mm lang, 2,5–4,5 mm breit, gelblichgrün. Petalen eiförmig, 6–7,5 mm lang, 4–4,5 mm breit, weißlichgrün. Lippe zweigliedrig, 6–8 mm lang. Hinterlippe schüsselförmig, innen braunpurpurn. Vorderlippe kurz, herzförmig bis dreieckig, stumpf, nach vorne gerichtet, gelblichgrün. Rostellum fehlt. Anthere etwas gestielt. Autogam. Entwickelt keine nichtblühenden Sprosse.
V: Österreich, ČSSR
Ä: *E. helleborine*
BN: 9. 8. 87, Gaaden (Au.), W. Vöth

400

100

VII
VIII

Epipógium aphýllum SW.
Blattloser Widerbart

S: *E. epipogium* (L.) H. KARST.

B: Pflanze 10–30 cm hoch, ohne Blattgrün und ohne Blätter. Stengel röhrig, kahl, blaßgelb, oberwärts rötlich oder violett überlaufen, mit wenigen, spitzen, stengelumfassenden Schuppen. Blüten kurz, bis zu 15 cm lang, locker, 2- bis 8blütig. Blüten groß, hängend, Lippe nach oben gerichtet, hellgelb bis rötlich. Tragblätter eiförmig bis lineallanzettlich, 0,5–1 cm lang, abwärts gerichtet. Perigonblätter abwärts gerichtet, linealisch, fast gleich lang, 10–17

I
V

Gennária diphýlla (LINK) PARL.
Zweiblättriger Grünstendel

S: *Satyrium diphyllum* LINK, *Coeloglossum diphyllum* (LINK) FIORI

B: Pflanze 10–50 cm hoch. Stengel mit 2 Blättern, deutlich entfernt. Laubblätter am Grunde herzförmig, den Stengel scheidig umfassend, plötzlich ausgebreitet, spitz, grün. Unteres Blatt 3–12 cm lang, 2,5–8 cm breit, das obere deutlich kleiner. Blütenstand ziemlich einseitswendig, bis 13 cm lang, dicht, 10–40blütig. Blüten klein, ziemlich waagrecht, gelblich grün. Tragblätter

IX
XI

Goodyéra macrophýlla LOWE
Großblättriges Netzblatt

S: *Epipactis macrophylla* (LOWE) A. A. EATON

B: Pflanze robust, 20–60 cm hoch. Stengel aufrecht, grün, glatt. Laubblätter 6–8, am Grunde gehäuft, glänzend, länglich-elliptisch, zugespitzt, tiefgrün, 12–20 cm lang, 3–7 cm breit, nach oben am Stengel mehrere lanzettliche Blätter, 2,5 cm lang, am Rande leicht gewellt. Blütenstand bis 20 cm lang, lok-

mm lang, frei, blaßgelb. Lippe am Grunde mit einem großen, sackförmigen, aufgeblasenen Sporn, 6–8 mm lang, 3–4 mm dick, lila oder rötlich, nach aufwärts gerichtet. Lippe dreilappig. Seitenlappen abgerundet, nach abwärts gerichtet, gelblich weiß. Mittellappen oval bis dreieckig, ganzrandig oder etwas gekerbt, weißlich, mit 4–6 Längsleisten, purpurrot, in der Mitte vertieft. Fruchtknoten oval, gelb, mit einem 3–5 mm langen Stiel.
V: Teile von Europa, Kleinasien
Ä: Unverwechselbar
BN: l: 19. 7. 87, Konitsa;
r: 2. 8. 85, Katara-Paß (N-Gr.), H.B.

2700
0

länglich-lanzettlich, spitz, etwa so lang wie der Fruchtknoten. Perigonblätter glockig zusammenneigend, 3,5–4 mm lang. Sepalen länglich, abgestumpft. Petalen rhombisch, Spitze zurückgebogen. Lippe dreilappig, grün, nach unten gebogen. Mittellappen dreieckig. Seitenlappen schmal, etwas kürzer. Sporn sackförmig, stumpf, 1,5 mm lang, gefurcht, etwa ½ so lang wie der Fruchtknoten.
V: Westmediterran, Madeira, Kanaren
Ä: Unverwechselbar
BN: l: 19. 4. 87, St. Theresa (N-Sa.);
r: 11. 3. 82, Zeralda (N-Ag.), H.B.

1000
0

ker, vielblütig (über 60 Blüten). Blüten 1,3 cm lang, schmutzigweiß, waagrecht abstehend. Tragblätter länger als der Fruchtknoten, seitlich angeordnet. Das mittlere Sepal und die Petalen bilden einen breiten Helm. Seitliche Sepalen schwach gefaltet, nach der Spitze zu geöffnet. Sepalen und Fruchtknoten weißlich behaart. Lippe bauchig, gefaltet, zugespitzt, nach unten gebogen.
V: Madeira (fast erloschen)
Ä: *G. repens*
BN: Sonderheft „Die Orchidee" (1977), G. Frey

1400
1200

VI
VIII

Goodyéra répens (L.) R. BR.
Kriechendes Netzblatt

S: *Satyrium repens* L.

B: Pflanze 10–30 cm hoch. Stengel steif, unten kahl, oberwärts dicht drüsig behaart. Laubblätter 4–8, am Grunde rosettig angeordnet, oval bis eiförmig, spitz bis zugespitzt, an der Basis in einen 1 cm langen Stiel verschmälert, dunkelgrün, oft weißlichgrün netzartig genervt, 1,5–3,5 cm lang, 1–2 cm breit. Am Stengel 3–4 lanzettliche tragblatt-

V
VIII

Gymnadénia conopséa (L.) R. BR.
Mücken-Händelwurz

S: *G. densiflora* A. DIETRICH, *G. alpina* (RCHB. fil.) CZER.

B: Pflanze 20–80 cm hoch. Stengel gelblichgrün, hohl. Laubblätter 3–7, lineal bis lineal-lanzettlich, bläulichgrün, die unteren am Grunde dicht gedrängt, 10–25 cm lang, 0,5–3,5 cm breit, aufgerichtet bis schräg abstehend, rinnig gefaltet, nach oben kleiner werdend. Blütenstand schmal-zylindrisch, 5–25 cm lang, locker bis dicht, wenig- bis vielblütig. Blüten ziemlich klein, rotviolett bis rosa, selten weiß. Tragblätter eiför-

VI
VIII

Gymnadénia odoratíssima (L.) RICH.
Wohlriechende Händelwurz

S: *Orchis odoratissima* L.

B: Pflanze zierlich, 15–50 cm hoch. Stengel schlank, unten rund, oberwärts kantig. Laubblätter lineal bis lanzettlich, bis 10 cm lang, 2–6 mm breit, spitz, aufrecht bis schräg abstehend, rinnig gefaltet, die unteren einander genähert, die oberen tragblattartig. Blütenstand 5–20 cm lang, zylindrisch, dicht- und vielblütig. Blüten klein, purpurrot, rosa bis weiß, angenehm duftend, in allen

artige Blätter. Blütenstand 3–10 cm lang, dicht- und vielblütig. Blüten klein, weiß. Tragblätter lanzettlich, länger bis so lang wie der Fruchtknoten. Perigonblätter glockig zusammenneigend, außen drüsig behaart. Sepalen eiförmig, 4–5 mm lang, weiß. Petalen lanzettlich, 4 mm lang. Lippe ungeteilt, weiß, etwa 4 mm lang, zungenförmig, rinnig, abwärts gebogen.
V: Mittel-, Nord- und Osteuropa
Ä: Unverwechselbar
BN: 5. 7. 87, Ebingen (S-Ge.), H.B.

4000
0

mig-lanzettlich, lang, grün, etwa so lang wie der Fruchtknoten. Seitliche Sepalen länglich, abstehend, 4–7 mm lang, das mittlere mit den Petalen helmbildend. Lippe aus keilförmigem Grunde verbreitert, dreilappig, breiter als lang. Seitenlappen eiförmig, zuweilen fein gekerbt. Mittellappen stumpf, ohne Zeichnung. Sporn fadenförmig, 1,2–2,0 cm lang, spitz, abwärts gerichtet, gebogen, meist fast doppelt so lang wie der Fruchtknoten.
V: Europa, Nordtürkei
Ä: *G. odoratissima:* Sporn kurz; *A. pyramidalis:* Leisten am Sporneingang
BN: l: 19. 7. 87, Pfullingen;
r: 25. 7. 84, Heimsheim (S-Ge.), H.B.

2800
0

Blütendimensionen zierlicher als *G. conopsea.* Seitliche Sepalen länglich, abgerundet, weit abstehend, das mittlere mit den Petalen zusammenneigend. Lippe aus keilförmigem Grund verbreitert, dreilappig, ohne Zeichnung. Seitenlappen abgerundet. Mittellappen vorgezogen, stumpf. Sporn fadenförmig, 4–5 mm lang, kaum so lang wie der Fruchtknoten, dem Fruchtknoten anliegend.
V: Mittel- und Osteuropa
Ä: *G. conopsea:* Sporn länger
BN: 20. 7. 87, Calw (S-Ge.), H.B.

2700
0

XI
II

Habenária tridactylítes LINDL.
Kanarenstendel

B: Pflanze 10–30 cm hoch. Stengel aufrecht, kahl, grün, blattlos. Laubblätter 2, grundständig, länglich-lanzettlich, 4–18 cm lang, 1,2–7 cm breit, zugespitzt. Blütenstand locker, mit wenigen Blüten (5–30). Lippe etwa 2 cm lang. Lippe und Sporn gelbgrün, süßlich duftend. Tragblätter häutig, zugespitzt, etwa halb so lang wie der Fruchtknoten, grün. Seitliche Sepalen linealisch, 5–7 mm lang, 1–2,5 mm breit, schräg abwärts gerichtet, an den Spitzen zurückgebogen. Mittleres Sepal breit eiförmig, 4–6

VII
VIII

Hammarbýa paludósa (L.) KUNTZE
Sumpf-Weichkraut

S: *Malaxis paludosa* (L.) SW.,
Ophrys paludosa L.,
Sturmia paludosa (L.) RCHB.

B: Pflanze zierlich, 5–20 cm hoch. Stengel gelblich, kahl, 3–5kantig, am Grunde mit einer rundlichen Scheinknolle (4–8 mm Durchmesser). Laubblätter 2–4, gelblich-grün, am Grunde angeordnet, 5–10 mm breit, am oberen Rande mit kleinen Brutknospen. Blütenstand schmal, 2–15 cm lang, reich-

V
VIII

Hermínium monórchis (L.) R. BR.
Kleine Einknolle, Honigorchis

S: *H. clandestinum* GREN. & GODR.

B: Pflanze zart, 8–30 cm hoch. Stengel schlank, unten rund, oberwärts kantig, blaßgrün. Laubblätter meist nur 2 (seltener 3–4), am Grunde des Stengels, eiförmig bis eiförmig-lanzettlich, 2–7 cm lang, 0,5–1,5 cm breit, spitz, blaßgrün, oben glänzend, etwas rinnig. Blütenstand zylindrisch, schmal, 3–6 cm lang, dicht, ziemlich reichblütig. Blüten klein, nickend, gelbgrün, nach Honig duftend. Tragblätter lineal-lanzettlich, spitz

mm lang, mit den gleich langen, ungeteilten Petalen helmförmig zusammenneigend. Lippe tief 3zipflig, 7–9 mm lang, linealisch, Seitenzipfel spreizend, etwas länger als der Mittelzipfel. Sporn fadenförmig, 9–17 mm lang, fast so lang wie der Fruchtknoten, abwärts gerichtet und nach vorne gebogen.
V: Kanarische Inseln (Teneriffa, Gran Canaria)
Ä: Die übrigen Arten der großen Gattung besiedeln die Tropen.
BN: l: 31. 12. 86, Teneriffa, H. Läpple; r: 1. 2. 79, Monte de Luna (Teneriffa), M. Bayer.

1400
200

blütig, bis 35 Blüten. Tragblätter kurz, dreieckig, 1,5 mm lang, 0,5 mm breit. Blüten winzig, unscheinbar, grünlichgelb. Sepalen eiförmig, zurückgeschlagen, 2–2,5 mm lang, 1 mm breit. Petalen lanzettlich, 1,5 mm lang, 0,5 mm breit, an der Spitze zurückgebogen. Lippe aufwärts gerichtet, das Säulchen umhüllend, klein, eiförmig mit dunkelgrünen Nerven, 1,5–2 mm lang, 1 mm breit. Ohne Sporn.
V: Mittel- und Nordeuropa
Ä: *Mal. monophyllos, Liparis loeselii*
BN: 15. 8. 87, Waldburg (S-Ge.), H.B.

1200
0

bis zugespitzt, grün, kaum so lang wie der Fruchtknoten. Perigonblätter glokkenförmig, an den Spitzen auswärts gebogen. Sepalen eiförmig-lanzettlich, stumpf, 2,5–3 mm lang. Petalen länglich-lanzettlich, 3,5 mm lang. Lippe am Grunde 3spaltig mit linealischen Seitenlappen und etwa doppelt so langem, nach vorwärts gestrecktem Mittellappen. Ohne Sporn. Oft truppweise.
V: Mittel- und Nordosteuropa
Ä: *Pseudorchis albida:* Blätter am Stengel verteilt
BN: 10. 7. 79, Calw (S-Ge.), H.B.

2400
0

V
VI

Himantoglóssum formósum
(STEVEN) K. KOCH
Schöne Riemenzunge

S: *Orchis formosa* STEVEN

B: Pflanze 40–80 cm hoch. Laubblätter 4–10, die meisten grundständig. Grundblätter bis zu 20 cm lang, 2,5–4,5 cm breit. Nach oben folgen kleinere Stengelblätter. Blütenstand langgestreckt und ausladend, bis zu 30 cm lang, trägt 15–30 locker angeordnete Blüten. Die Tragblätter sind etwa so lang wie der Fruchtknoten. Blüten grün, purpurn überlaufen. Die Sepalen und

V
VIII

Himantoglóssum affíne (BOISS.) SCHLECHTER
Orientalische Riemenzunge

S: *H. bolleanum* (SIEHE) SCHLECHTER, *H. hircinum* subsp. *affine* (BOISS.) SUNDERM.

B: Pflanze 30–80 cm hoch. Laubblätter 6–10, am Stengel verteilt, Grundblätter 10–21 cm lang, 2,5–6 cm breit. Blütenstand langgestreckt, bis 35 cm lang, locker, 10- bis 40blütig. Tragblätter unten doppelt so lang wie der Fruchtknoten. Blüten hellgrün bis rötlich, Lippe fast waagrecht. Perigonblätter helmbil-

V
VIII

Himantoglóssum caprínum
(M.-BIEB.) SPRENG.
Ziegenbock-Riemenzunge

S: *H. hircinum* subsp. *caprinum* (M.-BIEB.) K. RICHT.

B: Pflanze 30–90 cm hoch. Laubblätter 7–10, am Stengel verteilt, die unteren lanzettlich, 7–17 cm lang, 2–3,5 cm breit. Blütenstand breit, bis 30 cm lang, locker, 10-50blütig. Tragblätter unten 3–4 cm lang. Perigonblätter helmbildend, außen grün, rotbraun genervt.

Petalen bilden einen lockeren Helm, der 9–12 mm lang ist. Die Petalen sind kleiner und lanzettlich, am freien Ende oft dreizähnig. Die Lippe ist stark dreilappig, etwa 3 cm lang, grün gefärbt und an den Rändern rötlich überlaufen. Die Seitenlappen sind kurz und nur 2–4 mm lang, der Mittellappen ist der kleinste der Gattung und nur 1,3–1,5 cm lang und 4 mm breit. Der Sporn zylindrisch, abwärts gekrümmt, 9 mm lang.
V: Südöstlicher Kaukasus
Ä: Unverwechselbar
BN: Reichenbach 1851, Taf. 6

800
100

◑

dend, außen hell- bis dunkelgrün, dunkel genervt. Seitliche Sepalen 10–14 mm lang, 4–6 mm breit, Petalen kürzer. Lippe 3lappig. Mittellappen 25–45 mm lang, wenig gedreht, vorne 6–8 mm tief eingeschnitten. Seitenlappen 3–6 mm lang. Lippengrund weißlich, ohne Zeichnung. Sporn 4–5 mm lang, sackförmig, hell, abwärts gerichtet. Duft schwach.
V: Südtürkei, Israel
Ä: *H. caprinum*
BN: l: 30. 5. 81, Elazig;
r: 29. 5. 81, Gölbasi (E-Tu.), H.B.

2200
100

◑

Seitliche Sepalen 13–18,5 mm lang, 4–9 mm breit, Petalen kürzer. Lippe tief 3lappig, grün bis dunkel rotbraun, 3,5–7 cm lang. Mittellappen schräg abwärts gerichtet, 4,5–8,5 cm lang, vorne 10–50 mm tief gespalten. Seitenlappen 5–10 mm lang. Lippengrund hell, mit dunkelroten Papillen besetzt. Sporn kegelförmig, 4–6 mm lang, hell. Geruch schwach.
V: Balkan, Kreta, Nordtürkei
Ä: *H. calcaratum* (Sporn länger)
BN: l: 8. 7. 82, Bolu (NW-Tu.),
r: 4. 7. 82, Milanova (Bu.), H.B.

1500
0

○
◑

VII
VIII

Himantoglóssum calcarátum
(Beck) Schlechter
Gespornte Riemenzunge

S: *H. hircinum* subsp. *calcaratum* (Beck) Soó

B: Pflanze 40–80 cm hoch. Laubblätter 7–12, bläulichgrün, am Stengel verteilt, grundständige Blätter 10–17 cm lang, 1,5–3,5 cm breit. Blütenstand ausladend, 15–30 cm lang, locker, 12-50blütig. Tragblätter unten 2–4 cm lang. Perigonblätter helmbildend, außen hell- bis trübgrün, purpurn genervt. Seitliche

V
VI

Himantoglóssum adriáticum
H. Baumann
Adriatische Riemenzunge

S: *H. hircinum* subsp. *adriaticum* (H. Baumann) Sunderm.

B: Pflanze 30–75 cm hoch. Laubblätter 6–10, am Stengel verteilt. Grundblätter 9–16 cm lang, 1,5–3,0 cm breit, Stengelblätter nach oben kleiner. Blütenstand langgestreckt, 10–40 cm lang, trägt 15–40 locker angeordnete Blüten. Tragblätter 2–3 cm lang. Blütenstand breit. Blüten rotbraun, seltener grün. Sepalen und Petalen bilden einen Helm, Außenseite weißlich. Seitliche Sepalen 8–11

IV
VIII

Himantoglóssum hircínum (L.) Spreng.
Bocks-Riemenzunge

S: *Loroglossum hircinum* (L.) Rich.

B: Pflanze 20–120 cm hoch. Laubblätter 7–12, meist grundständig, untere Blätter 6–15 cm lang, 3–5 cm breit, eiförmig-lanzettlich. Blütenstand 18–30 cm lang, dicht, 20-120blütig. Tragblätter 1–2mal so lang wie der Fruchtknoten. Blüten grüngelb bis gelb. Perigonblätter helmbildend, außen blaßgrün,

Sepalen 13–15 mm lang, 6,5–7,5 cm breit, Petalen kürzer. Lippe tief 3lappig, olivgrün bis purpurn, 6,5–12 cm lang. Mittellappen 5–10 cm lang, vorne 20–40 mm tief gespalten. Seitenlappen 12–25 mm lang. Lippengrund hell mit purpurnen Papillen. Sporn zylindrisch, 8–13 mm lang, abwärts gerichtet, hell. Duft schwach.
V: Südjugoslawien
Ä: *H. caprinum* (Sporn kürzer)
BN: l: 13. 7. 81, Titovo Uzice; r: 15. 7. 76, Pec (S-Ju.), H.B.

1200
400

mm lang, 5 mm breit, die Petalen 5–6 mm lang, 1,5–2,0 mm breit. Lippe 3lappig, Mittellappen extrem lang, schmal, wesentlich länger als die Seitenlappen. Mittellappen 4–6 cm lang, Seitenlappen 0,5–2,5 cm lang. Mittellappen wenig gedreht, am Grunde 0,5–1,5 cm tief gespalten. Sporn 2,5–3,5 mm lang, abwärts gerichtet. Lippenbasis hell gefärbt, mit roten Punkten besetzt. Geruch schwach.
V: Mittelitalien, Rand der Südalpen bis Österreich und CSSR
Ä: Übrige *Himantoglossum*-Arten
BN: l: 25. 5. 79, Alfedena (S-It.); r: 19. 5. 74, Pula (N-Ju.), H.B.

1500
0

dunkler genervt. Seitliche Sepalen 10–13 mm lang, 4–6,5 mm breit, Petalen kleiner. Lippe 3lappig. Mittellappen 3–6 cm lang, schraubig gedreht, vorne nur 3,5 mm tief gespalten. Seitenlappen 1–2 cm lang. Lippengrund hell, mit roten Papillen besetzt. Sporn kegelförmig, 4–5 mm lang, abwärts gerichtet. Geruch intensiv bocksartig.
V: Westmediterran, atlantisch
Ä: *H. adriaticum, H. caprinum*
BN: 10. 6. 83, Rottenburg (S-Ge.), H.B.

1000
0

IV
VIII

Limodórum abortívum (L.) SW.
Violetter Dingel

B: Pflanze 20–80 cm hoch. Stengel kräftig, feingestreift, stahlblau bis schmutzig-violett, mit nur wenigen kurzen, scheidenförmigen Blattschuppen. Blütenstand gestreckt, 10–30 cm lang, locker, vielblütig. Blüten groß, geschlossen bis weit geöffnet, purpurviolett. Tragblätter eiförmig-lanzettlich, verwaschen violett, länger als der Fruchtknoten. Perigonblätter helmbildend bis weit geöffnet. Sepalen eiförmig-lanzettlich, 20–25 mm lang, 7–11 mm breit, außen grünviolett, innen hell-

IV
VI

Limodórum trabutiánum Battand.
Trabuts Dingel

S: *L. abortivum* subsp. *trabutianum* (BATTAND.) ROUY

B: Stengel 30–55 cm hoch, mit langscheidigen Stengelblättern, die wie der Stengel grünviolett gefärbt sind. Brakteen lanzettlich, 1,5–4 cm lang und 0,7–1,3 cm breit, 3nervig, grünviolett gefärbt. Der Blütenstand ist 14–20 cm lang und trägt 10–20 große, in dichter Folge stehende Blüten. Die Blüten sind groß und kaum geöffnet, hellviolett bis dunkelviolett gefärbt. Die seitlichen Sepalen sind 17–19 mm lang und 4–5 mm breit,

V
VII

Líparis loesélii (L.) RICH.
Torf-Glanzkraut

S: *Sturmia loeselii* (L.) SW., *Malaxis loeselii* (L.) SW.

B: Pflanze zierlich, 5–20 cm hoch. Stengel kahl, blattlos, aufrecht, kantig, hell grünlichgelb. Laubblätter 2 (selten 3), grundständig, fettig-glänzend, fast gegenständig, aus scheidigem Grunde länglich-elliptisch, an der Spitze stumpf-kapuzenförmig, 2–11 cm lang, 0,7–2,5 cm breit, grün, nach dem Abblühen gelblichgrün. Blütenstand 1,5–6 cm lang, locker, 2- bis 10blütig. Blüten

violett mit dunklen Adern. Petalen schmal-lanzettlich, deutlich kürzer, hellviolett. Lippe undeutlich gegliedert. Hinterlippe schmal, kurz, rinnig und hellviolett. Vorderlippe oval, 10–17 mm lang, 7–12 mm breit, Seitenränder wellig gekerbt, hellviolett mit dunkelvioletten, unterbrochenen Längslinien, beim Verblühen schmutzig gelblich werdend. Sporn abwärts gerichtet, schmal zylindrisch, 15–25 mm lang, etwa so lang wie der Fruchtknoten, hellviolett.
V: Mittelmeergebiet, Mitteleuropa
Ä: *L. trabutianum* (Sporn kürzer)
BN: 11. 6. 85, Troodos (Cyp.), H.B.

2300
0

waagrecht stehend, lanzettlich und zugespitzt. Das mittlere Sepal ist eiförmig-lanzettlich, 15–22 mm lang und 4–7 mm breit. Die Petalen sind lineal-lanzettlich, 11–17 mm lang und 1–3 mm breit. Die Lippe ist lineal schwertförmig, 13–18 mm lang und 3–5 mm breit, bogig aus dem Helm herausgekrümmt, Seitenränder breitrundlich, am Rande gezähnelt und nach oben geschlagen, nicht in Vorder- und Hinterlippe geteilt. Der Sporn ist rudimentär, höchstens 2 mm lang und sackförmig.
V: Westmediterran
Ä: *L. abortivum:* Sporn lang
BN: l: 2. 5. 87, La Croix Valmer (S-Ga.); r: 20. 4. 76, Oran (NW-Ag.), H.B.

2000
400

klein, fast aufrecht, hell gelbgrün. Tragblätter schuppenförmig, klein, dreieckig, viel kürzer als der Fruchtknoten. Perigonblätter frei, aufrecht bis abstehend. Sepalen linealisch, an den Rändern eingerollt, 5–6 mm lang, 2 mm breit. Petalen schmäler und kürzer. Lippe länglich-eiförmig, rinnig, gebogen, am Rande gekerbt, 4–5 mm lang, 2,5 mm breit, spornlos.
V: Mittel- und Osteuropa
Ä: *Hammarbya paludosa* und *Malaxis monophyllos:* Blüten klein
BN: 8. 7. 87, Blitzenreute (S-Ge.), H.B.

1000
0

V
VIII

Listéra cordáta (L.) R. BR.
Herzblättriges Zweiblatt

S: *Ophrys cordata* L.

B: Pflanze sehr zart, 5–20 cm hoch, unscheinbar. Stengel dünn, fast kahl, blaßgrün, zumeist rotbraun überlaufen. Laubblätter 2 (selten 3–4), nur wenig über dem Boden, fast gegenständig, herzförmig-eiförmig, 1–2,5 cm lang und breit, oberseits glänzend grün, unterseits bläulichgrün. Blütenstand 2–6 cm lang, locker, 4- bis 15blütig. Blüten klein, abstehend, kurz gestielt, grün, braun oder rotbraun. Tragblätter dreieckig,

V
VII

Listéra ováta (L.) R. BR.
Eiförmiges Zweiblatt

S: *L. multinerva* PETERM.

B: Pflanze 15–70 cm hoch. Stengel kräftig, unten kahl, oberwärts drüsig behaart, mit 1–3 kleinen, tragblattartigen Blättchen, grünlich. Laubblätter 2 (selten 3–4), abstehend bis etwas aufgerichtet, eiförmig bis breit-eiförmig, stumpf bis kurz zugespitzt, 5–15 cm lang, 3–8 cm breit, derb, ziemlich dick, kahl, mehr- bis vielnervig, grün, nach dem Abblühen gelblich und lang ausdauernd. Blütenstand 7–25 cm lang, ziemlich locker, vielblütig. Blüten ab-

VI
VII

Lysiélla oligántha (TURCZ.) NEVSKI
Wenigblütige Waldhyazinthe

S: *Platanthera oligantha* TURCZ., Pl. parvula SCHLECHTER

B: Pflanze klein, 6–20 cm hoch. Stengel kahl, kantig, mit einem tragblattartigen, schmalen Blatt im oberen Teil. Nur 1 Laubblatt, grundständig, aufgerichtet bis abstehend, länglich-zungenförmig, stumpf bis zugespitzt, 4–7 cm lang, 1,2–2 cm breit, am Grunde in die Blattscheide verschmälert. Blütenstand kurz, 2,5–4,5 cm lang, ziemlich dicht, 3- bis 9blütig. Blüten klein, grünlichweiß, duftlos. Tragblätter etwa so lang wie der

spitz, grün, kürzer als der Blütenstiel. Perigonblätter offen abstehend, lange auf der Frucht ausdauernd, außen grün, innen rötlich. Sepalen und Petalen länglich-elliptisch, stumpf, Petalen etwas schmäler. Lippe länglich-zungenförmig, herabhängend, 3,5–4,5 cm lang, am Grunde beiderseits mit einem zugespitzten Zahn, vorne tief zweispaltig, mit linealischen, spreizenden zugespitzten Abschnitten, in der Mitte bisweilen ein kleines Zähnchen.
V: Mittel- und Nordeuropa
Ä: *L. ovata:* Blätter eiförmig
BN: 19. 6. 87, Triberg (S-Ge.), H.B.

2300
0

stehend, kurz gestielt (4–6 mm lang), grünlich bis gelblich. Tragblätter eiförmig-zugespitzt, sehr klein (3–5 mm lang), Perigonblätter zu einem ziemlich offenen Helm zusammenneigend, 4–5 mm lang. Sepalen eiförmig, Petalen schmäler, lineal. Lippe 6–15 mm lang, spornlos, grünlichgelb, am Grunde mit oder ohne zahnartige Seitenlappen, verkehrt-keilförmig, vorne tief zweispaltig mit 2 zungenförmigen, gestutzten Abschnitten, in der Mitte mit einer dunkelgrünen Längsschwiele.
V: Europa, Nordtürkei, Kaukasus
Ä. *L. cordata:* Blätter kleiner
BN: 13. 6. 87, Calw (S-Ge.), H.B.

2500
0

Fruchtknoten. Perigonblätter 2–3 mm lang. Seitliche Sepalen länglich-eiförmig, abstehend. Mittleres Sepal rundlich, mit den lanzettlichen Petalen helmförmig zusammenneigend. Lippe zungenförmig, aus breiterem Grunde allmählich verschmälert, stumpf, 3–3,5 mm lang, am Grunde 1 mm breit und unregelmäßig ausgerandet, schräg vorgestreckt. Sporn 2,5–3 mm lang, etwa halb so lang wie der Fruchtknoten, absteigend, gegen die Spitze allmählich verjüngt.
V: Nordskandinavien
Ä: *Platanthera* (mehr Blätter)
BN: 4. 7. 83, Abisko (Su.), W. Schmidt

1200
800

V/VIII

Maláxis monophýllos (L.) SW.
Zartes Einblatt

S: *Microstylos monophyllos* (L.) LINDL.

B: Pflanze zierlich, 7–30 cm hoch. Stengel kahl, oberwärts rinnig, am Grunde mit einer Scheinknolle (10 mm Durchmesser). Laubblätter 1 (selten 2–3), grundständig, langscheidig, gelbgrün, eiförmig-elliptisch, 3–10 cm lang, 1,5–5 cm breit, 2. Blatt (wenn vorhanden) kleiner und gegenständig. Blütenstand zylindrisch, 3–25 cm lang, ziemlich locker, 20–100blütig. Tragblätter lanzettlich, 2 mm lang, 0,5 mm breit. Blüten

VI/VIII

Neottiánthe cuculláta (L.) SCHLECHTER
Kapuzenförmige Nacktdrüse

S: *Gymnadenia cucullata* (L.) RICH.

B: Pflanze 10–30 cm hoch. Stengel dünn, oberwärts kantig, hellgrün, mit 1–2 linealischen, tragblattartigen Blättern. Laubblätter 2 (selten 3), grundständig, länglich bis breit-elliptisch, lang zugespitzt, 1–9 cm lang, 0,5–5 cm breit, unterseits glänzend, das untere Blatt fast immer größer. Blütenstand 3-8 cm lang, ziemlich locker, 3- bis 30blütig, ziemlich einseitswendig. Blüten ziemlich klein, rosa. Tragblätter lanzettlich, lang zugespitzt, 1nervig. Perigonblätter

III/V

Neotínea maculáta (DESF.) STEARN
Gefleckte Waldwurz

S: *N. intacta* (LINK) RCHB. fil.

B: Pflanze 8–30 cm hoch. Stengel schlank, meist etwas hin und her gebogen, mit schwärzlichen Streifen und Flecken. Laubblätter 2-6, die unteren 2–3 am Grunde genähert, aus scheidenförmig gestieltem Grunde, länglich, zugespitzt, 3–12 cm lang, 1–3 cm breit, blaugrün, schwarzbraun reihenförmig gefleckt, die 2–3 stengelständigen schmäler, den Stengel scheidenförmig umhüllend. Blütenstand schmal-zylindrisch, 2–10 cm lang, dicht und vielblü-

klein, grünlichgelb, gestielt, schräg abstehend. Sepalen lanzettlich, nach oben gerichtet. Mittleres Sepal eiförmig, Ränder zurückgeschlagen, abwärts gerichtet. Petalen fadenförmig, 2 mm lang, zurückgebogen. Lippe nach oben gerichtet, eiförmig-zugespitzt, schüsselförmig ausgehöhlt, 1–2,5 mm lang, 0,5–0,8 mm breit. Ohne Sporn.
V: Alpen und Vorland, Nord- und Osteuropa
Ä: *Hammarbya paludosa* (weniger Blüten)
BN: l: 5. 7. 87, Sigmaringen; r: 5. 7. 81, Oberstdorf (Se-Ge.), H.B.

1900

0

helmartig zusammenneigend. Sepalen länglich-linealisch, lang zugespitzt, 6–8 mm lang, 1,5 mm breit. Petalen linealisch, 1 mm breit. Lippe schräg abwärts gerichtet, schmal, dicht papillös, 7–9 mm lang, tief 3teilig, weißlich bis rotlila, purpurrot punktiert. Seitenlappen schmal lineal, Mittellappen zungenförmig, länger und breiter, vorne verschmälert. Sporn abwärts gerichtet, fadenförmig, 5 mm lang, nach außen gekrümmt, am Ende deutlich verdickt.
V: Osteuropa
Ä: Kaum verwechselbar
BN: 27. 7. 86, Augustow (Po.), R. Hansen

4000

0

tig. Blüten sehr klein, rosa bis grünlichweiß. Tragblätter lanzettlich, häutig, etwa halb so lang wie der Fruchtknoten. Perigonblätter helmförmig zusammenneigend, 3–4 mm lang. Sepalen lanzettlich, spitzlich, Petalen linealisch. Lippe waagrecht bis herabhängend, dreilappig, 3–5 mm lang. Seitenlappen kürzer als der Mittellappen, lineal. Mittellappen länglich, an der Spitze oft zweispaltig. Sporn breit konisch, stumpf, kurz, 1,5–2 mm lang. Autogam, Fruchtstand dicht-birnenförmig.
V: Mittelmeergebiet, Irland
Ä: Unverwechselbar
BN: l: 1. 4. 88, Esentepe (N-Cyp.); r: 6. 4. 85, Mandria (Cyp.), H.B.

2000

0

V
VII

Neóttia nídus-ávis (L.) RICH.
Vogelnestwurz

S: *Ophrys nidus-avis* L.

B: Pflanze 15–50 cm hoch. Stengel dick, gerillt, kahl, ohne grüne Blätter, mit 4–5 lanzettlichen, scheidenförmigen Schuppenblättern, 3–5 cm lang, gelblichbraun. Blütenstand zylindrisch, 5–20 cm lang, dicht und vielblütig, untere Blüten bisweilen entfernt. Blüten mittelgroß, gelblichbraun. Tragblätter lan-

VII
VIII

Nigritélla nígra (L.) RCHB. fil.
Schwarzes Kohlröschen

S: *N. miniata* (CRANTZ) auct. (non sensu JANCHEN), *N. angustifolia* RICH., *Gymnadenia nigra* (L.) RCHB. fil.

B: Pflanze klein, 8–30 cm hoch. Stengel kantig, bis oben beblättert. Laubblätter zahlreich, die unteren (7–10) am Grunde rosettig gehäuft, lineal bis lineallanzettlich, rinnig, die obersten tragblattartig. Blütenstand sehr dicht, anfangs pyramidenförmig, später kugelig bis eiförmig. Blüten klein, schwarzpurpurn, selten rosa, hellgelb oder weißlich, stark nach Vanille duftend. Tragblätter schmal-lanzettlich, zugespitzt,

VII
VIII

Nigritélla lithopolitánica RAVNIK
Steiner Alpen-Kohlröschen

B: Pflanze 10–30 cm hoch. Stengel kantig, bis oben beblättert. Laubblätter zahlreich, die unteren (6–13) am Grunde rosettig gehäuft, lineal bis lineal-lanzettlich, hohlrinnig, die oberen (3–6) tragblattartig. Blütenstand sehr dicht, kugelig. Tragblätter schmal-lanzettlich, zugespitzt, so lang wie die Blüten. Blüten klein, hellrosa bis dunkelrosa, die

zettlich, etwa halb so lang wie der gestielte Fruchtknoten. Perigonblätter helmförmig zusammenneigend, 5–6 mm lang, stumpf. Lippe 10–12 mm lang, am Grunde sackartig ausgehöhlt, abstehend, nach der Spitze zu in 2 seitlich spreizende, zungenförmige, vorn oft gezähnelte Lappen gespalten, ohne Sporn. Fruchtstand lang ausdauernd.
V: Europa, Nordtürkei, Kaukasus
Ä: Kaum verwechselbar
BN: 2. 6. 87, Böblingen (S-Ge.), H.B.

2400
0

so lang wie oder etwas kürzer als die Blüten. Perigonblätter weit abstehend. Sepalen lanzettlich, 5–8 mm lang, 2 mm breit. Petalen schmal-lanzettlich, 2–3nervig, innen nur etwa halb so breit wie die Sepalen. Lippe nach oben gerichtet, dreieckig, zugespitzt, 6–8 mm lang, 4–5 mm breit, am Grunde plötzlich verschmälert, ungeteilt. Sporn kurz, $\frac{1}{4}$ bis $\frac{1}{3}$ so lang wie der Fruchtknoten, sackartig stumpf.
V: Europäische Gebirge, Mittelskandinavien (0–1300 m)
Ä: Übrige *Nigritella*-Arten, Farbvarianten
BN: l: 16. 7. 64, Galtür (Au.);
r: 3. 8. 76, Bozen (N-It.), H.B.

2800
0

Blütenknospen intensiver gefärbt. Perigonblätter weit abstehend. Sepalen lanzettlich, 5–8 mm lang, 2 mm breit. Petalen schmal-lanzettlich, 1–1,5 mm breit. Lippe nach oben gerichtet, dreieckig, zugespitzt, 6,5–8,5 mm lang, 4–5 mm breit, nahe dem Grunde sattelförmig verengt. Sporn etwa 1 mm, $\frac{1}{4}$ bis $\frac{1}{3}$ so lang wie der Fruchtknoten, stumpf.
V: Südostalpen (Jugoslawien)
Ä: Übrige *Nigritella*-Arten
BN: 20. 7. 85, Kranj (N-Ju.), H.B.

1900
1500

V–VIII

Nigritélla corneliána
(BEAUVERD) GÖLZ & REINHARD
Westalpen-Kohlröschen

S: *N. nigra* subsp. *corneliana* BEAUVERD, *N. lithopolitanica* subsp. *corneliana* (BEAUVERD) TEPPNER & E. KLEIN

B: Pflanze 10–40 cm hoch. Stengel kantig, bis oben beblättert. Laubblätter zahlreich, die unteren (8–16) am Grunde rosettig gehäuft, grasblattartig, hohlrinnig, die obersten tragblattartig. Blütenstand dicht, eiförmig-zylindrisch. Blüten klein, rötlichweiß. Tragblätter

VI–VIII

Nigritélla wídderi TEPPNER & E. KLEIN
Widders Kohlröschen

B: Pflanze 6–17 cm hoch. Stengel kantig, bis oben beblättert. Laubblätter zahlreich, die unteren (7–10) am Grunde rosettig gehäuft, grasblattähnlich, hohlrinnig, die obersten tragblattartig. Blütenstand dicht, halbkugelig bis eiförmig. Tragblätter schmal-lanzettlich, zugespitzt, etwa so lang wie die Blüten. Blüten klein, hellrosa bis weißlich, Blütenknospen dunkelrosa bis fleischfar-

VI–VIII

Nigritélla rúbra (R. WETTST.) K. RICHT.
Rotes Kohlröschen

S: *N. miniata* (sensu JANCHEN), *N. nigra* subsp. *rubra* (R. WETTST). BEAUVERD, *Gymnadenia nigra* subsp. *rubra* (R. WETTST.) SUNDERM.

B: Pflanze 10–30 cm hoch. Stengel kantig, bis oben beblättert. Laubblätter zahlreich, die unteren (7–10) am Grunde rosettig gehäuft, linealisch, rinnig, 3–7 cm lang und 3–6 mm breit, die stengelständigen kleiner und zugespitzt. Blütenstand dicht, eiförmig bis zylindrisch, vielblütig. Blüten klein,

schmal-lanzettlich, zugespitzt, grün oder rötlich überlaufen, so lang wie die Blüten. Perigonblätter weit abstehend. Sepalen lanzettlich, 6–8 mm lang, 2 mm breit, 3nervig. Petalen schmal-lanzettlich, 1,5 mm breit. Lippe nach oben gerichtet, dreieckig, zugespitzt, im unteren Drittel eingeschnürt, 7–10 mm lang, 4–5 mm breit. Sporn etwa 1 mm lang, stumpf.
V: Südwestalpen (Frankreich, Italien)
Ä: Übrige *Nigritella*-Arten
BN: l: 30. 7. 86, Mercantour,
r: Lautaret (SE-Ga.), H.B.

2500
1800
○

ben. Perigonblätter weit abstehend. Sepalen schmal-lanzettlich, 5–9 mm lang, 1,5–2,5 mm breit. Petalen schmal-lanzettlich, 4,5–8 mm lang, 1,2–1,7 mm breit. Lippe nach oben gerichtet, eiförmig, zugespitzt, 6–9 mm lang, etwa 5 mm breit, am Grunde bauchig erweitert, darüber sattelförmig verengt. Sporn etwa 1 mm lang, stumpf.
V: Nördliche Kalkalpen (Österreich), Mittelitalien
Ä: Übrige *Nigritella*-Arten
BN: 20. 7. 86, L'Aquila (It.), H.B.

2200
1500
○

leuchtend ziegelrot, nach Vanille duftend. Tragblätter schmal-lanzettlich, zugespitzt, grün oder rötlich überlaufen, so lang wie die Blüten. Perigonblätter weit abstehend. Sepalen und Petalen lanzettlich, 4–6 mm lang, 2 mm breit, 3nervig. Die Petalen sind ²⁄₃ bis fast so breit wie die Sepalen. Lippe nach oben gerichtet, eiförmig, zugespitzt, 6–8 mm lang, 4–5 mm breit, gegen den Grund nur schwach verschmälert, ungeteilt, über dem Grunde sattelförmig verengt. Sporn 1,5 mm lang, stumpf.
V: Alpen, Karpaten
Ä: Übrige *Nigritella*-Arten
BN: 20. 7. 74, Gröden (N-It.), H.B.

2600
1200
○

Kurze Einführung in die Gattung Ophrys L.

Die Gattung *Ophrys* (Ragwurz) stellt eine scharf umgrenzte, isolierte Gattung dar, die durch die insektähnlichen Blüten eindeutig charakterisiert ist. Die grundständigen Laubblätter sind in einer Rosette angeordnet, die Stengelblätter bilden eine stengelumfassende Scheide, der langgestreckte Blütenstand trägt 2–8 locker angeordnete Blüten. Die Lippe ist meist am Rande und auf den Höckern pelzig behaart, konvex gewölbt und besitzt hinsichtlich der Lippenzeichnung eine beträchtliche Variabilität, die aber in der Regel artspezifisch konstant ausgebildet ist. Das Bild oben links zeigt *Ophrys iricolor* (5. 3. 84, Zypern, H.B.). Die Blüten der Gattung *Ophrys* stellen faszinierende Sexualtäuschblumen dar. Sie täuschen nicht Nahrung vor, sondern kopieren die Weibchen bestimmter Stechimmen (Hymenopteren). Die früher schlüpfenden Männchen werden durch flüchtige Duftstoffe der Blüten in sexuelle Erregung gebracht. Durch die insektenähnliche Lippe wird ein paarungswilliges Weibchen imitiert. Das weitere Paarungsverhalten wird durch taktile Schlüsselreize gesteuert. In den meisten Fällen sitzt das Insekt auf Grund der Lippenbehaarung in natürlicher Haltung aufrecht und entnimmt mit dem Kopf die Pollinien. Das Bild oben rechts zeigt die Bestäubung von *Ophrys reinholdii* durch *Eupavlovskia obscura*. (1. 4. 70, Rhodos, G. Halx).
Bei der zweiten, kleineren Gruppe

II
IV

1800

0

Óphrys lútea CAV.
Gelbe Ragwurz
subsp. lútea
Gewöhnliche Unterart

B: Pflanze 7–30 cm, 1–6blütig. Petalen gelbgrün. Lippe groß, 14–18 mm breit, rund, vorne 3lappig-überlappend, am Grunde knieförmig nach unten gebogen, gelber Rand rundum, 6 mm breit. Mal relativ schmal, 2 graublaue Tropfen.
V: West- und zentralmediterran
Ä: subsp. *minor*
BN: 10. 4. 80, Gela (Si.), H.B.

orientiert sich das Stechimmenmännchen auf Grund des Haarstrichs entgegengesetzt und entnimmt mit dem Hinterleib die Pollinien. Das Bild Mitte links zeigt die Bestäubung von *Ophrys israelitica* durch *Andrena flavipes* (23. 3. 70, Zypern, H.B.). Zu dieser Gruppe zählt der Kreis um *Ophrys fusca* und *O. lutea*. Nach den bislang vorliegenden Befunden werden die meisten *Ophrys*-Sippen nur von einer einzigen Stechimmenart bestäubt. Trotzdem spielt die Hybridisierung eine große Rolle, da außer der Spezifität der Bestäuber keine natürlichen Kreuzungsschranken bestehen. Beispiele für hybridogen entstandene Sippen sind *Ophrys delphinensis, O. pseudobertolonii* und *O. tardans*. Darüber hinaus bilden sich bei zufälligen, unspezifischen Bestäubungen relativ häufig Hybriden, die aber meist nur kurzlebig sind. Sie verstärken jedoch den ungemeinen Reiz dieser Gattung. Das Bild Mitte rechts zeigt die Kreuzung *Ophrys doerfleri* × *O. sphegodes* subsp. *cretensis* (31. 3. 86, Kreta, H.B.).

Die Gattung *Ophrys* reicht von den Kanarischen Inseln bis nach Nordostpersien, im Süden nach Nordafrika (Kanaren, Atlasländer, Cyrenaika) und im Norden bis Skandinavien. Das Entfaltungszentrum ist mediterran, das Mannigfaltigkeitszentrum liegt im zentralen Mittelmeergebiet. Von den 100 derzeit bekannten Sippen kommen allein 30% in Süditalien mit Sizilien und 25% in Griechenland vor.

Alle *Ophrys*-Arten besiedeln vollbesonnte bis schattige Lebensräume.

Óphrys lútea subsp. galilaéa (H. FLEISCHM. & BORNM.) SOÓ
Galiläische Unterart

S: *O. galilaea* H. FLEISCHM. & BORNM.

B: Pflanze 10–30 cm, 3–6blütig. Petalen bräunlichgrün. Lippe sehr klein, 6–10 mm breit, eiförmig, in der Mitte sanft gebogen, vorne 3lappig mit deutlichen Buchten, Zentrum breit und lang dunkelbraun, gelber Rand schmal. Mal relativ breit, geteilt, grauviolett.
V: Ostmediterran
Ä: subsp. *minor*
BN: 2. 4. 85, Larnaca (S-Cyp.), H.B.

XII/IV

800–0

III/V

1500

0

Óphrys lútea subsp. mínor (TOD.) O. & E. DANESCH
Kleinblütige Unterart

S: *O. sicula* TINEO, *O. minor* (TOD.) PAULUS & GACK

B: Pflanze 10–30 cm, 3–9blütig. Petalen hellgrün bis grün. Lippe rundlich bis oval, klein, 9–12 mm breit, ziemlich flach gestreckt, dunkelbraunes Zentrum in den Vorderlappen ausstrahlend, gelber Rand 2–4 mm breit.
V: N-Afrika, zentral- bis ostmedit.
Ä: subsp. *galilaea, murbeckii*
BN: 12. 4. 80, Caltanisetta (Si.), H.B.

II/IV

800

0

Óphrys lútea subsp. murbéckii (H. FLEISCHM.) SOÓ
Murbecks Unterart

S: *O. murbeckii* H. FLEISCHM.

B: Pflanze 10–30 cm, 2–10blütig. Petalen grün bis gelblichgrün. Lippe oben dreieckig, vorne tief 3lappig, längs und quer gewölbt, bis auf schmalen kahlen Saum dicht filzig behaart, gelber Rand unterhalb der Mitte. Mal ungeteilt, bis zum Lippenrand, grauviolett.
V: Nordafrika
Ä: subsp. *minor*
BN: 30. 3. 73, Hammamet (E-Tn.), H.B.

III/VI

1500

0

Óphrys atlántica MUNBY
Atlas-Ragwurz

S: *O. fusca* subsp. *durieui* (RCHB. fil.) SOÓ

B: Pflanze 12–30 cm, 1–4blütig. Blüten groß. Sepalen gelbgrün, abstehend, das mittlere stark vorgezogen. Petalen kahl, gewellt, sehr lang, gelbgrün bis bräunlich. Lippe 15–25 mm lang, in der Mitte sattelförmig aufgewölbt, vorne 3lappig, dunkelpurpurviolett. Mal oben, brauner Fleck. Kein Anhängsel.
V: Nordafrika, Südspanien
Ä: *O. iricolor* (ostmediterran)
BN: 20. 4. 74, Alhaurin (S-Hs.), H.B.

Óphrys lútea subsp. mélena RENZ
Dunkellippige Unterart

S: *O. galilaea subsp. melena* (RENZ) DEL PRETE

B: Pflanze 5–25 cm, 2–5blütig. Petalen gelbgrün. Lippe rundlich, vorne 3lappig, stark ausgebuchtet, flach gestreckt. Vorder- und Seitenlappen dunkelbraun, gelbgrüner Saum winzig. Mal langgestreckt, graubraun. Blüht 2–3 Wochen später.
V: Südgriechenland
Ä: *O. fusca*
BN: 10. 4. 72, Nauplia (S-Gr.), H.B.

IV/V

1300 – 0

Óphrys irícolor DESF.
Regenbogen-Ragwurz

S: *O. fusca* subsp. *iricolor* (DESF.) K. RICHT.

B: Pflanze 10–35 cm, 1–5blütig. Sepalen leicht, das mittlere stark nach vorne gebogen, grün. Petalen lang, behaart, grün bis braun. Lippe abwärts vorgestreckt, unterhalb der Mitte tief 3lappig, oben spitz eingeschnitten, dicht samtig, schwarzpurpurn. Mal oben, 2teiliges Schild, stahlblau.
V: Ostmediterran (nicht: Italien)
Ä: *O. fusca* (Blüten kleiner)
BN: 5. 3. 84, Alethriko (S-Cyp.), H.B.

II/V

1100 – 0

Óphrys fúsca LINK
Rotbraune Ragwurz
subsp. fusca
Gewöhnliche Unterart

S: *O. funerea* VIV.

B: Pflanze 10–40 cm, 1–10blütig. Sepalen abstehend, das mittlere vorgebeugt, grün. Petalen kahl, gewellt, grün bis bräunlich. Lippe am Grunde tief eingekerbt, 3lappig, dunkelbraun. Seitenlappen herabgeschlagen. Mal vom Grunde bis zur Mitte geteilt, graublau bis braun.
V: Mediterran
Ä: *O. iricolor*
BN: 14. 4. 87, Le Lavandou (S-Ga.), H.B.

XII/VI

1400 – 0

IV
V

400

100

Óphrys fúsca subsp. vascónica O. & E. DANESCH
Baskische Unterart

B: Pflanze 8–15 cm, 1–4blütig. Sepalen gelblichgrün, das mittlere über die Säule geneigt. Petalen an den Rändern gewellt, kahl, dunkel gerandet, $^2/_3$ so lang wie die Sepalen. Lippe konvex gewölbt, am Grunde tief eingekerbt, oberhalb der Mitte tief 3lappig, dunkelpurpurn, Seitenlappen herabgeschlagen. Mal zweiteilig, purpurrot bis blauviolett, untere Umgrenzung elfenbeinfarben.
V: Südwestfrankreich (Dep. Gers)
Ä: subsp. *fusca, O. dyris*
BN: 15. 4. 79, Masseube (SW-Ga.), H.B.

III
IV

1000

0

Óphrys omegaífera H. FLEISCHM.
Omega-Ragwurz

S: *O. lutea* subsp. *omegaifera* (H. FLEISCHM.) SOÓ

B: Pflanze 10–25 cm, 1–3blütig. Seitliche Sepalen abstehend, das mittlere vornübergebeugt, grün. Petalen gekerbt, oft purpurn überlaufen. Lippe am Grunde ohne Einschnitt, stark knieförmig abgebogen, in der Mitte 3lappig, kastanienbraun, oben weißlich, am Rande dicht braun pelzig behaart. Mal schildförmig, braun, unten graublau.
V: Kreta, Rhodos
Ä: *O. fleischmannii, O. israelitica, O. dyris*
BN: 24. 3. 86, Embonas (Rhodos), H.B.

II
IV

1000

0

Óphrys fleischmánnii HAYEK
Fleischmanns Ragwurz

S: *O. omegaifera* subsp. *fleischmannii* (HAYEK) DEL PRETE

B: Pflanze 10–15 cm, 2–5blütig. Sepalen abstehend, das mittlere stark vorgebeugt, grün. Petalen gewellt, grün, purpurn überlaufen. Lippe klein, am Grunde etwas abgebogen und ohne Einschnitt, in der Mitte 3lappig, braunviolett, am Rande dicht behaart, Seitenlappen abstehend. Mal ω-förmig, bleigrau, hell umrandet.
V: Kreta, Ägäische Inseln
Ä: *O. israelitica, O. omegaifera*
BN: 1. 4. 86, Trifti (Cr.), H.B.

Óphrys póllida RAF.
Bleiche Ragwurz

S: *O. fusca* subsp. *pallida* (RAF.) E. G. CAMUS

B: Pflanze 10–30 cm, 2–6blütig, klein. Sepalen abstehend, das mittlere vorgezogen, weißlich bis hellgrün. Petalen kahl, gelblichgrün bis bräunlich. Lippe klein, am Grunde mit spitzem Einschnitt, knieförmig gebeugt, durch Längsfurche 2geteilt, in der Mitte 3lappig, dunkelbraun. Mal am Knick, graublau bis braunviolett.
V: Westsizilien
Ä: *O. fusca*
BN: 12. 4. 80, Ficuzza (Si.), H.B.

III
V

800
0

Óphrys israelítica
H. BAUMANN & KÜNKELE
Israelische Ragwurz

S: *O. fleischmannii* auct.

B: Pflanze 10–30 cm, 1–10blütig. Mittleres Sepal vorgebogen, hellgrün. Petalen olivgrün, gewellt, purpurn überlaufen. Lippe oben ohne Einschnitt, 12–15 mm lang und 9–12 mm breit, in der Mitte dreilappig, dunkelbraun, an den Rändern kurz behaart. Seitenlappen flach bis konvex. Mal ω-förmig, bleigrau, die obere Lippenhälfte oft grau.
V: Südtürkei, Zypern, Israel
Ä: *O. fleischmannii, O. omegaifera*
BN: 7. 3. 84, Limassol (S-Cyp.), H.B.

XII
IV

1300
0

Óphrys dýris MAIRE
Marokkanische Ragwurz

S: *O. omegaifera* subsp. *dyris* (MAIRE) DEL PRETE

B: Pflanze 10–25 cm, 1–5blütig. Sepalen abstehend, das mittlere stark vorgebeugt, grün. Petalen gewellt, kahl, grün bis bräunlich. Lippe am Grunde ohne Einschnitt, knieförmig abgebogen, oval, in der unteren Hälfte tief 3lappig, rotviolett, an den Rändern pelzig behaart. Mal oben, schildförmig, rotviolett, unten hell umrahmt.
V: Westmediterran
Ä: *O. omegaifera*
BN: 15. 4. 77, Marrakech (Ma.), H.B.

II
IV

2000
0

IV
VII
2000
0

Óphrys insectífera L.
Fliegen-Ragwurz
subsp. insectifera
Gewöhnliche Unterart

S: *O. myodes* JACQ., *O. muscifera* HUDS.

B: Pflanze 15–40 cm, 2–20blütig. Sepalen abstehend, hellgrün. Petalen fadenförmig, rotbraun. Lippe herabhängend, oben 3lappig, flach, dunkelrotbraun. Mal in der Mitte, blauer Fleck. Ohne Anhängsel.
V: Mittel- und Nordeuropa
Ä: subsp. *aymoninii*
BN: 20. 5. 82, Chambery (Ga.), H.B.

II
V
1200
0

Óphrys verníxia BROT.
Spiegel-Ragwurz
subsp. verníxia
Gewöhnliche Unterart

S: *O. speculum* LINK, *O. ciliata* BIV.-BERN., *O. vernixia* subsp. *ciliata* (BIV.-BERN.) DEL PRETE

B: Pflanze 10–25 cm, 2–8blütig. Sepalen hellgrün, unten hellbraun gestreift. Petalen behaart, dunkelbraun. Lippe oben 3lappig, am Rande zottig purpurbraun behaart, Seitenlappen eiförmig, flach. Mal groß, blauer Fleck, gelbgrün gesäumt.
V: Mediterran
Ä: Übrige Unterarten
BN: 25. 4. 79, Coimbra (S-Lu.), H.B.

III
V
500
0

Óphrys verníxia
subsp. lusitánica (O. & E. DANESCH) H. BAUMANN & KÜNKELE
Portugiesische Unterart

S: *O. speculum* subsp. *lusitanica* O. & E. DANESCH, *O. vernixia* auct. (non BROT.)

B: Pflanze 15–50 cm, 5–15blütig. Wie subsp. vernixia, aber Seitenlappen lineal-lanzettlich, seitlich abstehend, Randbehaarung der Lippe zottig, grüngelb bis orange.
V: Portugal, Spanien
Ä: subsp. *vernixia*
BN: 25. 4. 79, Coimbra (Lu.), H.B.

Óphrys insectífera subsp. aymonínii BREISTROFFER
Aymonins Unterart

S: *O. aymoninii* (BREISTR.) BUTTLER

B: Pflanze 20–45 cm, 5–12blütig. Petalen fadenförmig, behaart, gelbgrün bis grün, bisweilen braun überlaufen. Lippe dunkelbraun (ohne Rot) mit einem breiten gelben Saum. Mittellappen vorne tief 2lappig. Mal graublau.
V: Südfrankreich, Spanien
Ä: subsp. *insectifera*
BN: 26. 5. 87, Ardèche (SE-Ga.), H. Baumgartner

V/VI

1000 – 500

Óphrys verníxia subsp. régis-ferdinándii (KUZMANOV) RENZ & TAUBENHEIM
König Ferdinands Unterart

S: *O. regis-ferdinandii* (RENZ) BUTTLER

B: Pflanze 7–30 cm, 2–11blütig. Wie subsp. *vernixia,* aber Mittellappen der Lippe sehr schmal, stark gewölbt. Blüht 2–3 Wochen später.
V: Westtürkei, Rhodos
Ä: Übrige Unterarten
BN: 24. 3. 86, Kolimbia (Rhodos), H.B.

III/IV

400 – 0

Óphrys bombyliflóra LINK
Drohnenragwurz

S: *O. tabanifera* WILLD.

B: Pflanze 5–30 cm, 1–5blütig. Sepalen abstehend, hellgrün. Petalen kurz, gelbgrün, behaart. Lippe oben dreilappig, gehöckert, halbkugelig, dunkelbraun. Mal unauffällig, bläulich bis bräunlich. Ohne Anhängsel. Säule stumpf.
V: Mediterran
Ä: Kaum verwechselbar
BN: 17. 4. 87, St. Florent (Co.), H.B.

III/V

900 – 0

IV/VI

1700

500

Óphrys schúlzei BORNM. & H. FLEISCHM.
Schulzes Ragwurz

S: *O. luristanica* RENZ

B: Pflanze 25–65 cm, 4–14blütig. Sepalen relativ groß, abstehend, rosa. Petalen klein, rosa. Lippe sehr klein, oben 3lappig; Seitenlappen kegelförmig, innen kahl, außen behaart; Mittellappen oval, gewölbt, braun. Mal großflächig. Anhängsel abwärts gerichtet.
V: Südosttürkei bis Iran
Ä: Unverwechselbar
BN: 6. 5. 81, Senköy (SE-Tu.), O. Kurze

III/IV

900

0

Óphrys kótschyi H. FLEISCHM. & SOÓ
Kotschys Ragwurz

S: *O. cypria* RENZ

B: Pflanze 8–35 cm, 3–10blütig. Sepalen abstehend, das mittlere vorgebeugt, grün. Petalen behaart, dunkelbraun-grün. Lippe oben tief 3lappig mit abstehenden Höckern, Mittellappen oval, stark gewölbt, schwarz-violett. Mal über die Lippe verteilt, braunlila, hell umrandet. Anhängsel klein. Narbenhöhle weiß.
V: Zypern
Ä: *O. doerfleri* (fehlt auf Zypern)
BN: 3. 4. 85, Aletriko (S-Cyp.), H.B.

IV/VI

2100

200

Óphrys straússii H. FLEISCHM. & BORNM.
Strauss-Ragwurz

B: Pflanze 30–60 cm, 6–8blütig. Sepalen abstehend, hell- bis dunkelrosa. Petalen länglich-dreieckig, 6–7 mm lang, behaart, braunviolett. Lippe oben 3lappig, kaum gehöckert, hellrot bis weißlich behaart; Mittellappen eiförmig, gewölbt, Seitenlappen bisweilen herabgeschlagen. Mal bläulich bis weißlich, meist isoliert in der Mitte. Anhängsel klein.
V: Südosttürkei bis Iran
Ä: *O. reinholdii*
BN: 30. 5. 81, Antakya (SE-Tu.), H.B.

Óphrys apífera HUDS.
Bienen-Ragwurz

S: *O. botteronii* CHODAT, *O. trollii* HEGETSCHW., *O. bicolor* NÄGELI

B: Pflanze 15–60 cm, 2–17blütig. Sepalen rosa oder weiß, offen bis zurückgeschlagen. Petalen fadenförmig, klein bis verlängert, grün, selten rosa, dicht behaart. Lippe oben tief 3lappig, gehöckert, außen zottig behaart, rundlich, stark gewölbt, dunkelbraun. Anhängsel unter die Lippe gebogen. Mal weißlichgelb. Rostellum geschnäbelt.
V: Mediterran, atlantisch
Ä: Kaum verwechselbar
BN: 25. 6. 83, Böblingen (S-Ge.), H.B.

III/VII

1800 – 0

Óphrys dóerfleri H. FLEISCHM.
Dörflers Ragwurz

S: *O. cretica* auct.

B: Pflanze 15–30 cm, 2–8blütig. Sepalen abstehend, olivgrün, unten rot überlaufen. Petalen dicht behaart, dunkelgrün. Lippe oben 3lappig mit Höckern und dicht behaart, eiförmig, schwarzpurpurn. Mal flächig, weiß bis bläulich, hell berandet. Anhängsel vorgestreckt. Narbenhöhle weiß.
V: Ägäische Inseln, Kreta
Ä: *O. kotschyi, O. straussii*
BN: 30. 3. 86, Sitia (Cr.), H.B.

III/IV

1100 – 0

Óphrys reinhóldii H. FLEISCHM.
Reinholds Ragwurz
subsp. reinholdii
Gewöhnliche Unterart

B: Pflanze 15–40 cm, 2–8blütig. Sepalen abstehend, grün. Petalen breit-lanzettlich, behaart, purpurbraun. Lippe oben tief 3lappig, kaum gehöckert, dicht weißlich bis rötlich behaart. Mittellappen fächerförmig, mit kahlem Saum. Mal weiß, von der Seitenlappenbucht bis zur Mitte, meist tropfenförmig. Anhängsel kurz, vorgezogen.
V: Griechenland, Jugoslawien
Ä: *O. straussii*
BN: 7. 4. 83, Githeon (S-Gr.), H.B.

IV/V

1300 – 0

III
V
1000
0

Óphrys reinhóldii
subsp. leucotaénia
RENZ & TAUBENHEIM
Weißgebänderte Unterart

S: *O. mimnolea* O. SCHWARZ

B: Pflanze 25–35 cm, 4–7blütig. Sepalen rosa-violett mit grünem Mittelnerv, das mittlere zurückgeschlagen. Petalen eiförmig-zungenförmig, behaart, intensiver gefärbt, meist braun überlaufen. Mittellappen meist schuhförmig, gewölbt, bisweilen quadratisch. Mal stärker flächig ausgedehnt.
V: SW-Türkei
Ä: *O. straussii*
BN: 25. 5. 80, Cevizli (SW-Tu.), H.B.

III
V
800
0

Óphrys umbilicáta
subsp. attica (BOISS. & ORPH.)
J. J. WOOD
Attische Unterart

S: *O. attica* (BOISS. & ORPH.) B. D. JACKS.

B: Pflanze 10–25 cm, 3–12blütig. Sepalen grün, das mittlere stark vorgebeugt. Petalen intensiver gefärbt, dicht behaart. Lippe oben tief 3lappig, gehökkert, am Rande zottig behaart, Mittellappen oval, gewölbt, dunkelbraun. Mal gelblich, Anhängsel aufwärts.
V: Griechenland, SW-Türkei
Ä: subsp. *umbilicata*
BN: 1. 4. 83, Metaxata (Kefallinia), H.B.

III
V
2100
400

Óphrys umbilicáta
subsp. khuzestánica RENZ & TAUBENHEIM
Iranische Unterart

B: Pflanze 30–60 cm, 7–12blütig. Sepalen abstehend, das mittlere vorgebogen, hellgrün. Petalen behaart, dunkler getönt. Lippe klein, oben 3lappig, kurz gehöckert. Mittellappen oben eingebuchtet, oval, nach vorne gewölbt, braunrot. Mal ringförmig, gelblich. Anhängsel klein, aufwärts gerichtet.
V: Südost-Türkei, Iran
Ä: subsp. *attica*
BN: 7. 5. 84, Siirt (E-Tu.), O. Kurze

Óphrys umbilicáta DESF.
Nabel-Ragwurz
subsp. umbilicáta
Gewöhnliche Unterart

S: *O. orientalis* (RENZ) SOÓ, *O. dinsmorei* SCHLECHTER.

B: Pflanze 10–25 cm, 2–7blütig. Sepalen abstehend, das mittlere vorgebogen, rosa, grün bis weißlich. Petalen behaart, dunkler. Lippe oben 3lappig, gehöckert, außen zottig behaart, Mittellappen längsoval, konvex, bräunlich. Mal flächig, gelblich. Anhängsel kurz.
V: Ostmediterran
Ä: *O. flavomarginata* (Blüten größer)
BN: 7. 3. 84, Limassol (S-Cyp.), H.B.

III/V
1200
0

Óphrys umbilicáta subsp. rhódia
H. BAUMANN & KÜNKELE
Rhodos-Unterart

B: Pflanze 10–20 cm, 4–8blütig. Sepalen nach unten gezogen, das mittlere stark zurückgekrümmt, grün. Petalen behaart, kurz, gelbgrün. Lippe bauchig gewölbt, oben 3lappig mit zugespitzten, außen behaarten Höckern, dunkelbraun. Mal ringförmig, über die ganze Lippe verteilt, gelblich. Anhängsel vorgestreckt, grün.
V: Rhodos
Ä: Übrige Unterarten, *O. oestrifera*
BN: 24. 3. 86, Embonas (Rhodos), H.B.

III/IV
600
0

Óphrys flávomarginàta (RENZ)
H. BAUMANN & KÜNKELE
Gelbrandige Ragwurz

B: Pflanze 15–30 cm, 3–7blütig. Sepalen abstehend, das mittlere stark vorgebeugt, grün. Petalen kurz, dicht behaart, grün, bräunlich überlaufen. Lippe groß, oben tief 3lappig mit abstehenden und außen zottig behaarten Höckern, oval, dunkelbraun, am Rande tiefgelb. Mal flächig, gelbliche Ringe, Kern braunviolett. Anhängsel aufwärts gerichtet.
V: Zypern, Israel
Ä: *O. umbilicata*
BN: 6. 3. 84, Limassol (S-Cyp.), H.B.

III/IV
600
0

III
VI
1700
0

Óphrys oestrifera M.-BIEB.
Bremsen-Ragwurz
subsp. oestrifera
Gehörnte Unterart

S: *O. cornuta* STEVEN, *O. scolopax* subsp. *oestrifera* (M.-BIEB.) SOÓ

B: Pflanze 20–50 cm, 3–15blütig. Sepalen abstehend, rosa, violett oder weißlich. Petalen behaart, gleich gefärbt. Lippe klein bis mittelgroß, längs-oval, oben tief 3lappig, Höcker ein langes Horn, außen dicht behaart, dunkelbraun. Mal flächig, gelblich. Anhängsel aufgerichtet, kräftig.
V: Ostmediterran (ohne Kreta)
Ä: *O. heldreichii, O. phrygia*
BN: 22. 5. 84, Yalta (Krim), H.B.

III
V
1200
0

Óphrys heldreíchii SCHLECHTER
Heldreichs Ragwurz

S: *O. oestrifera* subsp. *heldreichii* (SCHLECHTER) SOÓ

B: Pflanze 15–45 cm, 2–10blütig. Sepalen abstehend, hellrosa bis dunkelviolett. Petalen behaart, dunkler getönt. Lippe groß, oben 3lappig, lang gehökkert, Mittellappen bauchig. Mal flächig, gelbweiß. Anhängsel groß, vorwärts bis aufwärts gerichtet.
V: Ostmediterran (Kreta)
Ä: *O. phrygia*
BN: 3. 4. 86, Archanes (Cr.), H.B.

IV
V
1400
500

Óphrys cilícica SCHLECHTER
Zilizische Ragwurz

S: *O. kurdica* RÜCKBRODT

B: Pflanze 15–60 cm, 3–12blütig. Sepalen weißlichgrün, rosa überlaufen. Petalen behaart, grün-rosa. Lippen oben 3lappig, dunkelbraun, Höcker innen grün, abstehend; Mittellippe schmal, vorne breiter, Rand heller. Mal H-förmig bis reduziert, weiß mit violettem Rand. Anhängsel klein, vorgestreckt.
V: Südtürkei
Ä: *O. straussii*
BN: 30. 5. 81, Akseki (S-Tu.), H.B.

Óphrys oestrífera subsp. bremífera (STEVEN) K. RICHT.
Gehöckerte Unterart

S: *O. bremífera* STEVEN

B: Pflanze 30–40 cm, 2–12blütig. Hökker stumpf, bisweilen spitz verlängert oder nur noch als Ansatzstelle erkennbar, sonst wie subsp. *oestrifera*.
V: Ostmediterran, Kaukasus
Ä: *O. heldreichii, O. phrygia*
BN: 27. 5. 84, Suchumi (Cauc.), H.B.

III/V
2000
0

Óphrys phrýgia H. FLEISCHM. & BORNM.
Phrygische Ragwurz

B: Pflanze 25–65 cm, 4–10blütig. Sepalen abstehend, rosaviolett. Petalen klein, zottig behaart, rosa-purpurn. Lippe ziemlich groß, oben 3lappig, Höcker konisch, nach außen gerichtet, innen kahl, außen zottig. Mittellappen oval, gewölbt, bräunlich. Mal U-förmig am Basalfeld, zur Mitte ringförmige Ausläufer. Anhängsel breit, vorgestreckt.
V: Türkei
Ä: *O. heldreichii, O. oestrifera*
BN: 22. 5. 81, Gülek (S-Tu.), H.B.

IV/VI
1700
0

Óphrys isáura RENZ & TAUBENHEIM
Isaurische Ragwurz

B: Pflanze 40–50 cm, 8–15blütig. Sepalen stark zurückgeschlagen, grün. Petalen behaart, hellgrün. Lippe oben 3lappig mit abstehenden Höckern, Mittellappen schmal wirkend, dunkelbraun. Mal flächig, oben weißlich. Anhängsel groß, aufwärts gebogen. Säule kurz, stumpf.
V: Südtürkei
Ä: *O. oestrifera, O. phrygia*
BN: 23. 5. 81, Gülnar (S-Tu.), H.B.

V/VI
900
800

III/VI

1400–0

Óphrys scólopax CAV.
Schnepfen-Ragwurz
subsp. scólopax
Gewöhnliche Unterart

S: *O. picta* LINK, *O. vetula* RISSO

B: Pflanze 10–40 cm, 3–12blütig. Sepalen zurückgeschlagen, rosenrot. Petalen behaart, rosa bis violett. Lippe oben 3lappig mit konischen Höckern, innen kahl, außen zottig behaart; Mittellappen länglich, gewölbt, bräunlich bis schwarz-violett. Mal an der Basis, flächig. Anhängsel spitz.
V: Westmediterran, Korsika
Ä: subsp. *apiformis* (Blüten kleiner)
BN: 20. 4. 74, Albaida (E-Hs.), H.B.

III/V

1000–0

Óphrys argólica H. FLEISCHM.
Argolische Ragwurz

S: *O. ferrum-equinum* subsp. *argolica* (H. FLEISCHM.) SOÓ

B: Pflanze 15–40 cm, 2–10blütig. Sepalen hellviolett, abstehend. Petalen zungenförmig, kurz behaart, intensiver gefärbt. Lippe rundlich, ohne Höcker, flach, kirschrotbraun, oben dicht weißbehaart, Mal meist 2 bläuliche Tropfen. Anhängsel klein, abwärts.
V: Südgriechenland
Ä: *O. ferrum-equinum, O. aegaea*
BN: 6. 4. 83, Githeon (S-Gr.), H.B.

III/IV

600–0

Óphrys aegáea
subsp. lúcis
KALTEISEN & REINHARD
Rhodische Unterart

S: *O. ferrum-equinum* auct.

B: Pflanze 10–25 cm, 2–4blütig. Sepalen weiß bis hellrot, abstehend. Petalen 7–9 mm lang, dunkler, behaart. Lippe meist dreilappig, konvex, 11–13 mm lang, 15–18 mm breit, dunkelbraun. Seitenlappen abstehend, oben behaart. Mal in der Mitte, bläulich, hufeisenförmig, oft reduziert. Anhängsel klein.
V: Rhodos, Südwesttürkei
Ä: *O. argolica, O. ferrum-equinum*
BN: 24. 3. 86, Kolimbia (Rhodos), H.B.

Óphrys scólopax subsp. apifórmis (DESF.) MAIRE & WEILLER
Bienenähnliche Unterart

S: *O. sphegifera* WILLD.

B: Pflanze 10–40 cm, 5–13blütig. Sepalen abstehend, das mittlere vorgezogen bis zurückgeschlagen, weiß, rosa, selten grün. Petalen behaart, dunkler gefärbt. Lippe klein, oben 3lappig, Höcker steil aufgerichtet; Mittellappen länglich-elliptisch, oben eingeschnürt. Mal ausgedehnt. Anhängsel breit.
V: Nordafrika
Ä: subsp. *scolopax*
BN: 15. 4. 72, Zaghouan (N-Tn.), H.B.

IV/VI
2000
0

Óphrys aegáea KALTEISEN & REINHARD
Ägäische Ragwurz
subsp. aegáea
Gewöhnliche Unterart

B: Pflanze 10–25 cm, 2–6blütig. Sepalen rosa bis rot, abstehend bis zurückgeschlagen. Petalen 8–10 mm lang, dunkler, behaart. Lippe ganzrandig, bauchig gewölbt, 12–14 mm lang und 17–19 mm breit, dunkel rotbraun. Mal in der Mitte, bläulich, aus 2 kurzen Strichen bestehend. Anhängsel kurz.
V: Karpathos
Ä: *O. argolica, O. ferrum-equinum*
BN: 1. 4. 85, Aperi (Karpathos), M. Kalteisen

II/IV
700
0

Óphrys élegans (RENZ) H. BAUMANN & KÜNKELE
Zierliche Ragwurz

S: *O. gottfriediana* subsp. *elegans* RENZ

B: Pflanze 7–15 cm, 1–4blütig. Sepalen abstehend bis zurückgeschlagen, rosaviolett. Petalen behaart, dunkel rosaviolett. Lippe klein, oben tief 3lappig, fast ohne Höcker, gewölbt, braunrot, oben zottig behaart. Mal reduziert, quer, braun-violett. Anhängsel klein.
V: Zypern, Südtürkei
Ä: *O. argolica, O. delphinensis*
BN: 4. 3. 84, Ajia Napa (SE-Cyp.), H.B.

II/IV
1400
0

IV
V

1100

0

Óphrys delphinénsis
O. & E. DANESCH
Griechische Ragwurz

B: Pflanze 20–40 cm, 3–10blütig. Sepalen abstehend, rosa. Petalen behaart, dunkler gefärbt. Lippe oval, oben 3lappig und dicht behaart, kurz gehöckert, kastanienbraun. Mal flächig bis reduziert, violett, hell gesäumt. Anhängsel groß, etwas aufgerichtet.
V: Südgriechenland
Ä: *O. argolica, O. aegaea*
BN: 24. 5. 83, Kalavrita (S-Gr.), H.B.

IV

700

0

Óphrys gottfriediána RENZ
Gottfrieds Ragwurz

S: *O. spruneri* subsp. *gottfriediana* (RENZ) SOÓ

B: Pflanze 25–30 cm, 5–8blütig. Sepalen abstehend, rosa oder grün, unten purpurn überlaufen. Petalen lang, behaart, intensiver getönt. Lippe schwach 3lappig bis ungeteilt, ohne Höcker, stark gewölbt, vorne 3eckig, oben dicht behaart, dunkelbraun. Mal offenes Schild, in der Mitte, stahlblau. Anhängsel vorgestreckt.
V: Südgriechenland, Ion. Inseln
Ä: *O. ferrum-equinum*
BN: 29. 3. 83, Sami (Keffalinia), H.B.

IV
VI

1300

0

Óphrys biscutélla
O. & E. DANESCH
Brillen-Ragwurz

S: *O. holoserica* subsp. *pollinensis* O. & E. DANESCH

B: Pflanze 20–60 cm, 3–10blütig. Sepalen stark zurückgeschlagen, rosa. Petalen behaart, dunkler gefärbt. Lippe trapezförmig, ganzrandig, größte Breite vorne, ungehöckert, braunrot, oben weißlich behaart. Mal quer, violett. Anhängsel klein, abwärts.
V: Süditalien
Ä: *O. crabronifera*
BN: 28. 4. 84, Mte. Gargano (S-It.), H.B.

Óphrys férrum-equínum DESF.
Hufeisen-Ragwurz

B: Pflanze 10–35 cm, 2–8blütig. Sepalen abstehend, rosa bis weißlich. Petalen kahl, intensiver getönt. Lippe rundlich bis oval, flach, ohne Höcker, schwarzpurpurn. Mal in der Mitte, hufeisenförmig, blau-violett, hell umrandet. Anhängsel klein, vorgestreckt.
V: Ägäische Inseln (ohne Kreta)
Ä: *O. lycia, O. aegaea*
BN: 25. 3. 86, Embonas (Rhodos), H.B.

III/V

1000–0

Óphrys lýcia RENZ & TAUBENHEIM
Lyzische Ragwurz

B: Pflanze 15–25 cm, 2–5blütig. Sepalen ausgebreitet, rosa bis violett. Petalen kahl, gleich gefärbt. Lippe breit eiförmig bis rundlich, flach, ganzrandig, ungehöckert, samtig, dunkelbraun. Mal vom Grunde bis zur Mitte, streifig, graulila, hell umrandet. Anhängsel winzig, spitz.
V: Südwesttürkei
Ä: *O. ferrum-equinum, O. aegaea*
BN: 10. 4. 82, Agullu (S-Tu.), H.B.

III/IV

600–400

Óphrys crabronífera MAURI
Hornissen-Ragwurz

S: *O. exaltata* auct.

B: Pflanze 20–65 cm, 3–12blütig. Sepalen leicht zurückgeschlagen, weiß bis rosa, selten gelbgrün. Petalen rosa, selten grün, behaart. Lippe oval, ungeteilt, leicht gewölbt, größte Breite in der Mitte, am Rand dicht behaart, fast nicht gehöckert, rotbraun. Mal 2 blaue Flecken. Anhängsel abwärts.
V: Mittelitalien
Ä: *O. biscutella*
BN: 15. 4. 84, Mte. Argentario (N-It.), H.B.

III/IV

600–0

III
VI

1600
0

Óphrys bertolónii MORETTI
Bertolonis Ragwurz

B: Pflanze 10–35 cm, 2–8blütig. Sepalen abstehend, rosa. Petalen intensiver gefärbt, lang, fein behaart. Lippe länglich, nach unten gebogen, vorne sattelförmig aufgewölbt, ungehöckert, stark behaart, schwarzpurpurn. Mal vorne, blaues Schild. Säule 7–9 mm hoch, schlank.
V: Zentralmediterran
Ä: *O. pseudobertolonii*
BN: 10. 4. 81, Cres (W-Ju.), H.B.

IV

1100
0

Óphrys pséudobertolónii subsp. bertoloniifórmis (O. & E. DANESCH) H. BAUMANN & KÜNKELE
Bertoloni-ähnliche Unterart

S: *O. bertoloniiformis* O. & E. DANESCH

B: Pflanze 15–20 cm, 2–7blütig. Sepalen abstehend, grün. Petalen gewellt, grün oder bräunlich. Lippe breitoval, ganzrandig, vorn leicht aufgewölbt, klein gehöckert. Mal groß, in der Mitte, blaues Schild. Anhängsel klein. Säule gedrungen.
V: Zentralmediterran
Ä: *O. bertolonii*
BN: 15. 4. 79, Costebelle (S-Ga.), H.B.

II
VI

1800
0

Óphrys tenthredinífera WILLD.
Wespen-Ragwurz
subsp. tenthredinífera
Gewöhnliche Unterart

S: *O. grandiflora* TEN., *O. neglecta* PARL.

B: Pflanze 10–45 cm, 3–8blütig. Sepalen weiß bis hellrot. Petalen kurz, behaart, dunkler. Lippe trapezförmig, schwach gewölbt, kaum gehöckert, im Zentrum rotbraun, in breiter Randzone hellgelb bis grünlich. Mal am Basalfeld. Anhängsel aufwärts mit Haarbüschel.
V: West- bis zentralmediterran
Ä: *O. candica, O. tardans*
BN: 11. 3. 82, Zeralda (N-Ag.), H.B.

Óphrys pséudobertolónii MURR
Falsche Bertoloni-Ragwurz
subsp. pséudobertolónii
Gewöhnliche Unterart

S: *O. benacensis* (REISIGL) O. & E. DANESCH et. F. EHREND.

B: Pflanze 15–25 cm, 1–7blütig. Sepalen zurückgeschlagen, rosa. Petalen zurückgeschlagen, kurz behaart, dunkelpurpurn. Lippe breitoval, meist ganzrandig, in der Mitte leicht aufgewölbt, schwach gehöckert. Mal schildförmig, dunkelbraun. Lippe schwarzpurpurn. Anhängsel klein.
V: Oberitalien
Ä: *O. bertolonii*
BN: 20. 5. 77, Trient (N-It.), H.B.

IV/VI

900 – 0

Óphrys pséudobertolónii
subsp. catalaúnica (O. & E. DANESCH) H. BAUMANN & KÜNKELE
Katalonische Unterart

S: *O. catalaunica* O. & E. DANESCH

B: Pflanze 15–25 cm, 3–10blütig. Sepalen abstehend, weiß bis rosa. Petalen gewellt, kahl, rosa. Lippe eiförmig, leicht gehöckert, nicht aufgewölbt, dunkelpurpurn. Mal in der Mitte, schildartig, stahlblau. Anhängsel klein, Säule gedrungen.
V: Spanien (Katalonien)
Ä: Übrige Unterarten
BN: 25. 5. 80, Barcelona (NE-Hs.), H.B.

V/VI

1100 – 200

Óphrys tenthredinífera
subsp. villósa (DESF.)
H. BAUMANN & KÜNKELE
Zottige Unterart

S: *O. villosa* DESF.

B: Pflanze 10–30 cm, 1–9blütig. Lippe schmäler und länger, rechteckig bis fächerförmig, im Zentrum dunkelbraun, an den Rändern hellbraun. Blüht deutlich früher.
V: Ostmediterran
Ä: subsp. *tenthredinifera*
BN: 2. 4. 86, Melambes (Cr.), H.B.

III/V

1200 – 0

IV/V

800
0

Óphrys oxyrrhýnchos TOD.
Schnabel-Ragwurz
subsp. oxyrrhýnchos
Gewöhnliche Unterart

S: *O. holoserica* subsp. *oxyrrhynchos* (TOD.) SUNDERM.

B: Pflanze 15–25 cm, 3–7blütig. Sepalen abstehend, hellgrün. Petalen kurz, behaart. Lippe quadratisch bis fächerförmig, ganzrandig, schwach gehökkert, flach, im Zentrum braunrot, kahl, Randzone dichthaarig gelb bis gelbbraun. Anhängsel groß, aufwärts gerichtet.
V: Süditalien, Sizilien
Ä: *O. discors, O. lacaitae*
BN: 9. 4. 80, Gela (Si.), H.B.

III/IV

700
0

Óphrys díscors BIANCA
Umstrittene Ragwurz

S: *O. biancae* MACCHIATI, *O. anapei* O. & E. DANESCH

B: Pflanze 10–25 cm, 4–10blütig. Sepalen abstehend bis vorgebogen, weiß bis rosa, selten grünlich. Petalen klein, behaart, gleich gefärbt. Lippe quadratisch, am Grunde gehöckert, aufgewölbt, braunrot, am Rand gelblich und behaart. Mal am Basalfeld, H-förmig, braunviolett mit hellem Rand. Anhängsel groß, aufwärts.
V: Südost-Sizilien
Ä: *O. oxyrrhynchos*
BN: 11. 4. 80, Gela (Si.), H.B.

II/IV

1400
0

Óphrys levantína
GÖLZ & REINHARD
Morgenländische Ragwurz

B: Pflanze 10–30 cm, 2–15blütig. Sepalen abstehend, weißlich bis hellgrün, bisweilen rosa überlaufen. Petalen kurz, behaart, weißlich-grün. Lippe rundlich bis quadratisch, gewölbt, abwärts gerichtet, abstehend gehöckert, Randbehaarung grau, kräftig, hellbraun bis olivbraun. Mal am Basalfeld, dunkelbraun, hell umrandet. Anhängsel aufwärts gebogen.
V: Zypern
Ä: *O. bornmuelleri*
BN: 6. 3. 84, Limassol (S-Cyp.), H.B.

Óphrys oxyrrhýnchos subsp. celiénsis
(O. & E. DANESCH) DEL PRETE
Apulische Unterart

S: *O. holoserica* subsp. *celiensis* (O. & E. DANESCH) O. & E. DANESCH

B: Pflanze 10–35 cm, 3–6blütig. Petalen länger, 2,5–4 mm lang, grün bis purpurrot. Lippe konvex gewölbt, an den Seiten oft aufgewölbt, tiefbraun. Mal ausgedehnt, reich gegliedert, rotviolett, hell umrandet. Sonst wie subsp. *oxyrrhynchos.*
V: Apulien
Ä: *O. discors*
BN: 24. 4. 84, Grottaglie (S-It.), H.B.

IV/V

600–0

Óphrys lacaítae LOJAC.
Lacaitas Ragwurz

S: *O. holoserica* subsp. *lacaitae* (LOJAC.) ROSSI, *O. oxyrrhynchos* subsp. *lacaitae* (LOJAC.) DEL PRETE

B: Pflanze 10–25 cm, 3–7blütig. Sepalen abstehend, grün bis hellgrün. Petalen kurz, grünlich, rosa oder gelb behaart. Lippe dreieckig, im Zentrum stark aufgewölbt, Ränder flach, gehöckert, oben behaart, im Zentrum dunkelbraun, sonst gelb. Mal klein, am Basalfeld. Anhängsel groß, aufwärts gerichtet.
V: Süditalien, Sizilien
Ä: *O. discors, O. oxyrrhynchos*
BN: 26. 4. 84, Ferla (Si.), M. Kalteisen

III/VI

1200–0

Óphrys bornmúelleri M. SCHULZE
Bornmüllers Ragwurz
subsp. bornmúelleri
Gewöhnliche Unterart

S: *O. b.* subsp. *grandiflora* (H. FLEISCHM. & SOÓ) RENZ & TAUBENH.

B: Pflanze 10–40 cm, 2–15blütig. Sepalen abstehend, grün bis weiß. Petalen sehr klein, grün, dicht behaart. Lippe quadratisch, gewölbt, gehöckert, braun, am Rande silbrig behaart. Mal oben, flächig. Anhängsel aufwärts.
V: Ostmediterran
Ä: *O. levantina*
BN: 20. 3. 78, Haifa (Pa.), H.B.

II/V

1400–0

IV
V

1000
600

Óphrys bornmúelleri subsp. carduchórum
RENZ & TAUBENHEIM
Kurden-Ragwurz

B: Pflanze 20–50 cm, 6–15blütig. Sepalen grün, das mittlere vorgebogen. Petalen sehr klein, behaart, grünlich. Lippe quadratisch, klein, 7 mm lang, gehöckert, dunkelbraun, am Rande weiß behaart. Mal am Basalfeld. Anhängsel aufwärts gerichtet.
V: Osttürkei
Ä: *O. oestrifera*
BN: 11.5.84, Siirt (E-Tu.), O. Kurze

IV
V

400
0

Óphrys tárdans O. & E. DANESCH
Spätblühende Ragwurz

S: *O. maremmae* nsubsp. *tardans* (O. & E. DANESCH) DEL PRETE

B: Pflanze 15–40 cm, 3–7blütig. Sepalen abstehend, rosa. Petalen dreieckig, behaart, dunkler. Lippe trapezförmig, eingekerbt, etwas gewölbt, am Rande stark behaart. Zentrum dunkelbraun, breiter Rand gelblichgrün bis hellbraun. Mal oben, hellblau und bräunlich gefleckt, cremefarben umrahmt. Anhängsel kräftig, aufwärts gerichtet, mit Haarbüschel.
V: Süditalien
Ä: *O. candica, O. tenthredinifera*
BN: 24.4.84, Lecce (S-It.), H.B.

III
VIII

1600
0

Óphrys holoseríca
(N. L. BURM.) W. GREUTER
Hummel-Ragwurz
subsp. holoserica
Gewöhnliche Unterart

S: O. fuciflora (F. W. SCHMIDT) MÖNCH

B: Pflanze 10–50 cm, 2–10blütig. Sepalen abstehend, rosa oder weiß. Petalen behaart, dunkler. Lippe oval bis rechteckig, ganzrandig, gehöckert, dunkelbraun. Mal ausgedehnt, grüngelb bis braun. Anhängsel breit, aufwärts gebogen.
V: Mitteleuropa, zentral-/ostmed.
Ä: Übrige Unterarten, *O. bornmuelleri*
BN: 25. 5. 82, Reutlingen (S-Ge.), H.B.

Óphrys cándica (E. NELSON ex SOÓ) H. BAUMANN & KÜNKELE
Kretische Ragwurz

S: *O. holoserica* subsp. *candica* (SOÓ) RENZ & TAUBENHEIM

B: Pflanze 20–40 cm, 2–7blütig. Sepalen abstehend, rosa. Petalen kurz, dunkelrosa, behaart. Lippe rechteckig, flach, kaum gehöckert, am Rande silbrig behaart, dunkelbraun. Mal oben, schildförmig, mit breitem Rand. Anhängsel groß, aufwärts gerichtet.
V: Süditalien, Kreta, SW-Türkei
Ä: *O. holoserica, O. apulica*
BN: 2.5.86, Ajia Warwara (Kreta), H.B.

IV/V

900

0

Óphrys apúlica (O. & E. DANESCH) O. & E. DANESCH
Apulische Ragwurz

S: *O. holoserica* subsp. *apulica* (O. & E. DANESCH) BUTTLER

B: Pflanze 15–55 cm, 3–8blütig. Blüten sehr groß. Sepalen rosa, abstehend. Petalen 6–9 mm lang, rot bis grünlich, am Rande dicht behaart. Lippe stark gewölbt, Höcker klein, oben kurz behaart, dunkelrotbraun. Mal rötlich. Anhängsel groß, aufwärts.
V: Süditalien
Ä: *O. holoserica*
BN: 23. 4. 84, Lecce (S-It.), H.B.

IV/V

900

0

Óphrys holoseríca subsp. máxima
(H. FLEISCHM.) W. GREUTER
Großblütige Unterart

S: *O. episcopalis* POIR.

B: Pflanze 30–40 cm, 4–10blütig. Sepalen abstehend, hell- bis dunkelrosa. Petalen behaart, intensiver getönt. Lippe groß, quadratisch, vorne verbreitert, stark gewölbt und gehöckert, Randbehaarung zottig. Mal U-förmig am Basalfeld mit Ringen, graubraun bis gelb. Anhängsel groß, aufwärts gebogen.
V: Kreta, Türkei, Israel
Ä: subsp. *holoserica* (kleiner)
BN: 3.4.86, Archanes (Kreta), H.B.

III/IV

1300

0

III/IV
700
0

Óphrys holoseríca subsp. heterochíla
RENZ & TAUBENHEIM
Verschiedenlippige Unterart

B: Pflanze 10–25 cm, 3–6blütig. Sepalen zurückgeschlagen, weiß oder rosa. Petalen behaart, intensiver getönt. Lippe klein, stark gewölbt, bisweilen 3lappig, klein gehöckert, oben behaart, braun bis braunrot. Mal flächig, gelb bis weiß. Anhängsel aufwärts.
V: Rhodos, Türkei
Ä: *O. oestrifera, O. phrygia*
BN: 6. 4. 88, Bodrum (SW-Tu.), H.B.

IV/V
700
0

Óphrys holoseríca subsp. grácilis (BÜEL & DANESCH) O. & E. DANESCH
Schlanke Unterart

B: Pflanze 30–50 cm, 4–10blütig. Sepalen abstehend, hell bis dunkler getönt. Lippe rund bis quadratisch, ganzrandig, gehöckert, an den Schultern hell behaart, rötlich-braun. Mal X-förmig am Basalfeld, violettbraun, hell umrandet. Anhängsel vorwärts bis aufwärts, darüber Haarbüschel.
V: Süditalien
Ä: *O. holoserica* subsp. *holoserica*
BN: 15. 5. 83, Siena (It.), H.B.

IV/V
1100
0

Óphrys promontórii
O. & E. DANESCH
Vorgebirgs-Ragwurz

B: Pflanze 10–20 cm, 3–5blütig. Sepalen abstehend, grün. Petalen groß, gewellt, behaart, grün bis bräunlich. Lippe länglich-oval, ungeteilt, konisch gehöckert, Ränder zottig behaart, dunkelpurpurn. Mal in der Mitte, meist 2 Flecken. Anhängsel klein, abwärts gerichtet.
V: Mittel- bis Süditalien
Ä: *O. garganica, O. tarentina*
BN: 29. 4. 84, Mte. Gargano (S-It.), H.B.

Óphrys holoseríca subsp. párvimaculáta
(O. & E. DANESCH) O. &. E. DANESCH
Kleingezeichnete Unterart

B: Pflanze 10–35 cm, 2–7blütig. Sepalen abstehend, grün oder weiß, selten hellrosa. Petalen behaart, intensiver getönt. Lippe rundlich bis quadratisch, ganzrandig, klein gehöckert, oben dicht behaart, dunkelbraun. Mal klein, blau, hell umrandet. Anhängsel aufwärts.
V: Süditalien
Ä: *O. holoserica* subsp. *gracilis*
BN: 21. 4. 84, Noci (S-It.), H.B.

IV/V
600
0

Óphrys chestermánii
(J. J. WOOD) GÖLZ & REINHARD
Chestermans Ragwurz

S: *O. holoserica* subsp. *chestermanii* J. J. WOOD

B: Pflanze 10–30 cm, 2–5blütig. Sepalen ausgebreitet, weiß bis rosa. Petalen behaart, rosa. Lippe groß, breit quadratisch, ungeteilt, 16–22 mm breit, nur schwach gehöckert, oben zottig behaart, kastanienrot. Mal U-förmig am Basalfeld. Anhängsel groß, aufwärts gebogen.
V: SW-Sardinien
Ä: *O. holoserica*
BN: 24. 4. 87, Iglesias (Sar.), H.B.

IV/V
400
0

Óphrys lunuláta PARL.
Halbmond-Ragwurz

S: *O. sphegodes* subsp. *lunulata* (PARL.) SUNDERM.

B: Pflanze 10–40 cm, 4–10blütig. Sepalen abwärts gerichtet, das mittlere aufgerichtet, lila bis weiß. Petalen lang, kahl, randlich behaart, rosa. Lippe oben 3lappig, nur schwach gehöckert, am oberen Rande zottig behaart, Mittellappen optisch schmal, rotbraun bis dunkelbraun. Mal quer, im oberen Teil, blauviolett. Anhängsel klein.
V: Sizilien, Süditalien
Ä: *O. exaltata*
BN: 18. 4. 80, Gela (Si.), H.B.

III/V
1000
0

III/IV

1200–0

Óphrys arachnitifórmis
GREN. & PHILIPPE
Spinnenähnliche Ragwurz

S: *O. splendida* GÖLZ & REINHARD, *O. tyrrhena* GÖLZ & REINHARD

B: Pflanze 15–40 cm, 2–9blütig. Sepalen abstehend, rosa bis weißlich. Petalen gewellt, dunkel getönt. Lippe eiförmig bis rundlich, dunkelbraun, ungeteilt, oben nur kurz gehöckert. Mal H-förmig, blau. Anhängsel klein. Blütezeit sehr früh.
V: Südfrankreich, Oberitalien
Ä: *O. morisii* (Sardinien)
BN: 19. 4. 80, Grosseto (W-It.), H.B.

V/VI

700–400

Óphrys aveyronénsis
(J. J. WOOD) DELFORGE
Aveyron-Ragwurz

S: *O. sphegodes* subsp. *aveyronensis* J. J. WOOD

B: Pflanze 10–30 cm, 3–12blütig. Sepalen lila, rosa oder weißlich, ausgebreitet. Petalen intensiver gefärbt, gewellt, am Rande grün bis dunkelrot. Lippe oval bis rund, gewölbt, oben 3lappig, am Rand kurz behaart, rotbraun. Mal großflächig. Anhängsel klein.
V: Südfrankreich (Aveyron)
Ä: *O. arachnitiformis*
BN: 28. 5. 87, Aveyron (S-Ga.), H. Baumgartner

III/V

900–0

Óphrys sprúneri NYM.
Spruners Ragwurz

S: *O. sphaciotica* H. FLEISCHM.

B: Pflanze 10–40 cm, 2–8blütig. Sepalen abstehend, grün, unten purpurn überlaufen. Petalen dunkler getönt. Lippe groß und langgestreckt, oben tief 3lappig, kaum gehöckert, dunkelbraun bis schwarzpurpurn. Mal 2 Längsleisten, blauviolett. Anhängsel spitz, vorgestreckt.
V: Südgriechenland, Kreta
Ä: *O. mammosa*
BN: 2. 4. 83, Dzanata (Ķefallinia), H.B.

Óphrys morisii (MARTELLI) SOÓ
Moris Ragwurz

S: *O. exaltata* subsp. *morisii* (MARTELLI) DEL PRETE

B: Pflanze 15–40 cm, 3–10blütig. Sepalen weißlich bis rosa, selten grün, abstehend. Petalen gewellt, behaart, hell bis dunkel braunrot. Lippe oval, gewölbt, höchstens schwach gehöckert, 10–13 mm lang, 13–18 mm breit, dunkelbraun, oben kurzhaarig. Mal flächig, reich gegliedert, braunviolett, hell gerandet. Anhängsel kräftig.
V: Sardinien, Süd-Korsika
Ä: *O. arachnitiformis*
BN: 26. 4. 87, Dorgali (E-Sa.), H.B.

III/V
700
0

Óphrys siponténsis LORENZ & GEMBARDT
Süditalienische Ragwurz

B: Pflanze 15–60 cm, 2–8blütig. Sepalen zartrosa (weiß-dunkelrosa, nie grün). Petalen 7–9 mm lang, gewellt, dunkler gefärbt (rosa-dunkelrot, gelbgrünlich). Lippe rundlich, 10–12 mm lang und breit, dunkelbraun, starke Randbehaarung, nur kleine Höcker. Anhängsel kurz. Mal H-förmig, purpurn bis blau.
V: Italien: Puglia (Apulien)
Ä: *O. incubacea, O. garganica*
BN: 7. 4. 69, Manfredonia (S-It.), H.B.

IV/V
700
0

Óphrys caucásica WORONOW ex GROSSH.
Kaukasus-Ragwurz

B: Pflanze 20–35 cm, 3–10blütig. Sepalen abstehend, gelbgrün, unten purpurn gefleckt. Petalen grün-braun, kahl. Lippe oben 3lappig, breitoval, schwach gehöckert, dunkelrotbraun. Mal H- bis ringförmig, violett bis bräunlich, vom Grunde bis über die Mitte. Anhängsel klein, vorgestreckt.
V: Nordosttürkei, Kaukasus
Ä: *O. turcomanica*
BN: 30. 5. 81, Trabzon (NE-Tu.), H.B.

IV/VI
600
0

V

1300

1200

Óphrys turcománica RENZ
Turkmanische Ragwurz

B: Pflanze 15–30 cm, 2–6blütig. Sepalen zurückgeschlagen, grün. Petalen behaart, hell- bis bräunlichgrün, purpurn überlaufen. Lippe langoval, oben 3lappig, schwach gehöckert, am Rande braunrot behaart, dunkelrotbraun. Mal ringförmig, vom Grunde bis über die Mitte. Anhängsel klein, nach vorne gerichtet.
V: Nordiran
Ä: *O. caucasica*
BN: 20. 5. 75, Behkadeh (N-Pe.), J. Renz

IV
V

900

200

Óphrys transhyrcána subsp. amanénsis E. NELSON ex RENZ & TAUBENHEIM
Amanus-Unterart

B: Pflanze 30–50 cm, 4–6blütig. Sepalen abstehend, weißlich bis hellgrün, unten purpurn. Petalen kahl, leicht gewellt, rosa bis purpurn. Lippe 3lappig, optisch dreieckig, ziemlich flach, dunkelbraun bis schwarzpurpurn, bisweilen Rand gelblich, oben dicht. Mal 2 Streifen, blauviolett. Antherenfortsatz lang.
V: Südosttürkei
Ä: subsp. *transhyrcana, O. straussii*
BN: 2. 5. 84, Findikpinar (S-Tu.), O. Kurze

IV
V

1000

0

Óphrys hélenae RENZ
Helenes Ragwurz

S: *O. sphegodes* subsp. *helenae* (RENZ) SOÓ

B: Pflanze 15–40 cm, 3–8blütig. Sepalen abstehend, grün, unten oft purpurn. Petalen 7–12 mm lang, hellgrün. Lippe rund, stark gewölbt, 11–17 mm lang, ungehöckert, leuchtend weinrot. Anhängsel sehr klein. Ohne Malzeichnung.
V: Zentralgriechenland, Kerkira
Ä: Einzige Art ohne Malzeichnung
BN: 19. 4. 79, Dodona (N-Gr.), M. Kalteisen

Óphrys transhyrcána CZERNIAK.
Kaspische Ragwurz
subsp. transhyrcána
Gewöhnliche Unterart

S: *O. sintenisii* H. FLEISCHM. & BORNM.

B: Pflanze 20–60 cm, 4–10blütig. Sepalen abstehend, grünlich, unten purpurn. Petalen gewellt, olivgrün. Lippe breit oval, gewölbt, leicht gehöckert, nach vorne verschmälert, dunkelbraun. Mal 2 Streifen, bläulich. Anhängsel spitz. Anthere mit langem Fortsatz.
V: Von Zypern bis Iran
Ä: *O. mammosa*
BN: 20. 3. 78, Nazareth (Pa.), H.B.

III/V
2000
0

Óphrys mammósa DESF.
Busen-Ragwurz

S: *O. sphegodes* subsp. *mammosa* (DESF.) SOÓ, *O. taurica* (AGGEENKO) NEVSKI

B: Pflanze 15–45 cm, 3–8blütig. Sepalen abstehend, olivgrün, unten oft purpurn überlaufen. Petalen kahl, grün bis purpurn. Lippe oval, ungeteilt, stark gewölbt, oben stark gehöckert, außen behaart, dunkelbraun, Ränder bisweilen gelblich bis hellbraun gesäumt. Mal H-förmig, blau, hell umrandet.
V: Ostmediterran
Ä: *O. sphegodes, O. transhyrcana*
BN: 7. 4. 83, Githeon (S-Gr.), H.B.

III/VI
1400
0

Óphrys aesculápii RENZ
Äskulap-Ragwurz

S: *O. sphegodes* subsp. *aesculapii* (RENZ) SOÓ

B: Pflanze 15–40 cm hoch, 3–10blütig. Sepalen hell olivgrün, abstehend, oft unten braunrot. Petalen 5–9 mm lang, gewellt, kahl, gelbgrün. Lippe rundlich, dunkelbraun, am Rande gelb, wenig gewölbt, selten gehöckert. Mal H-förmig, hellblau.
V: Südgriechenland
Ä: *O. mammosa, O. sphegodes*
BN: 7. 4. 83, Tripolis (S-Gr.), H.B.

III/V
1000
0

III
IV
600
0

Óphrys tarentína
GÖLZ & REINHARD
Tarenter-Ragwurz

B: Pflanze 10–30 cm, 3–8blütig. Sepalen abstehend, grün. Petalen 8–10 mm lang, kahl, gewellt, gelbgrün. Lippe eiförmig, etwas gewölbt, ohne Höcker, 10–14 mm lang, schwarz- bis rotbraun, am Rand gelblich zottig behaart. Mal H-förmig – 2tropfig. Anhängsel klein.
V: Süditalien
Ä: *O. promontorii, O. incubacea*
BN: 24. 4. 84, Ceglie (S-It.), H.B.

III
IV
800
0

Óphrys exaltáta TEN.
Hochgewachsene Ragwurz

S: *O. sphegodes* subsp. *sicula* SOÓ, *O. panormitana* (TOD.) SOÓ

B: Pflanze 30–60 cm, 10–15blütig. Sepalen abstehend, weiß, hellrosa, selten grünlich. Petalen kahl, gewellt, intensiver gefärbt. Lippe ungeteilt bis schwach 3lappig, schwach gehöckert, schmal erscheinend, oben dicht behaart, rotbraun. Mal H-förmig mit Verzweigungen, blauviolett, hell umrandet. Anhängsel klein.
V: Sizilien, Süditalien
Ä: *O. sphegodes*
BN: 10. 4. 80, Canicattini (Si.), H.B.

IV
VI
1700
0

Óphrys hébes (KALOPISSIS) B. & E. WILLING
Hebes Ragwurz

S: *O. sphegodes* subsp. *hebes* KALOPISSIS

B: Pflanze 10–40 cm, 2–15blütig. Sepalen abstehend, blaßgrün, unten bisweilen rotbraun. Petalen lang, gewellt, kahl, gelbgrün. Lippe rundlich, ganzrandig bis schwach dreilappig, ungehöckert, gewölbt, dunkel rotbraun, mit gelbem oder hellbraunem Rand. Mal H-förmig bis flächig, braun mit gelbem Rand.
V: Griechenland
Ä: *O. sphegodes*
BN: 29. 5. 87, Grevenna (N-Gr.), H.B.

Óphrys incubacéa BIANCA
Schwarze Ragwurz

S: *O. atrata* LINDL. (nom. illeg.)

B: Pflanze 30–40 cm, 3–8blütig. Sepalen abstehend, dunkelgrün. Petalen 6,5–9 mm lang, gewellt, gelbgrün, oft rötlich. Lippe rund, 8–14 mm lang und breit, am Rande eingeschnürt, Höcker groß, innen kahl, gezeichnet, Randbehaarung zottig, schwarzbraun. Mal H-förmig, stahlblau, weißlich gerändert.
V: West- und zentralmediterran
Ä: *O. sipontensis, O. garganica*
BN: 15. 4. 81, Pula (N-Ju.), H.B.

III/IV

1300 – 0

Óphrys gargánica
O. & E. DANESCH
Gargano-Ragwurz

B: Pflanze 25–35 cm, 4–8blütig. Sepalen abstehend, grün. Petalen groß, gewellt, kahl, grün bis bräunlich. Lippe rundlich, ungeteilt bis 3lappig, oft ungehöckert, ziemlich flach, oben kurzhaarig, dunkel rotbraun, am Rande heller. Mal H-förmig, blau, violett oder rotbraun. Anhängsel winzig bis fehlend.
V: Italien, Spanien (Katalonien)
Ä: *O. mammosa, O. sphegodes*
BN: 18. 4. 84, Mte. Gargano (S-It.), H.B.

III/V

1100 – 0

Óphrys aranéola RCHB.
Kleine Spinnen-Ragwurz

S: *O. sphegodes* subsp. *araneola* (RCHB.) LAINZ, *O. tommasinii* VIS., *O. litigiosa* E. G. CAMUS

B: Pflanze 20–45 cm, 6–15blütig. Sepalen olivgrün, abstehend, mittl. Sepal aufgerichtet. Petalen 5–8 mm lang, kahl, gelbgrün. Lippe klein, rund, flach, meist ungehöckert, rotbraun, am Rande gelb. Mal H-förmig, grau-braun.
V: Spanien bis Süddeutschland
Ä: *O. sphegodes*
BN: 1. 5. 76, Kaiserstuhl (S-Ge.), H.B.

IV/V

1300 – 0

II/VI

1300 – 0

Óphrys sphegódes MILL.
Spinnen-Ragwurz
subsp. sphegódes
Gewöhnliche Unterart

S: *O. aranifera* HUDS.

B: Pflanze 10–45 cm, 3–12blütig. Sepalen abstehend, das mittlere aufgerichtet, gelbgrün bis olivgrün. Petalen zungenförmig gewellt, kahl, gelbgrün bis grün. Lippe oval bis rundlich, schwach gehöckert, ganzrandig, vorn ausgerandet, an den Rändern behaart. Mal H-förmig, blau bis violett. Meist ohne Anhängsel.
V: Mittel- und Südeuropa
Ä: Übrige Unterarten, *O. mammosa*
BN: 10. 5. 86, Kaiserstuhl (S-Ge.), H.B.

IV/V

600 – 0

Óphrys sphegódes
subsp. gortýnia H. BAUMANN & KÜNKELE
Späte kretische Unterart

B: Pflanze 20–30 cm, 3–6blütig. Sepalen abstehend, hellgrün. Petalen gewellt, kahl, gelbgrün. Lippe relativ groß, länglich-oval, gewölbt, bisweilen schwach 3lappig, gehöckert, dunkelbraun, spät blühend. Mal H-förmig, langgestreckt, blauviolett. Anhängsel winzig.
V: Kreta
Ä: subsp. *cretensis*
BN: 2. 5. 86, Archanes (Cr.), H.B.

III/IV

500 – 0

Óphrys sphegódes
subsp. cephalónica B. & H. BAUMANN
Kephallinische Unterart

B: Pflanze 30–40 cm, 3–17blütig. Sepalen abstehend, grün. Petalen lang, kahl, gewellt, hellgrün. Lippe aus schmalem Grunde langoval, stark gewölbt, bisweilen schwach 3lappig, mittelbraun, meist mit schmalem gelbem Saum. Mal H-förmig, lang gestreckt, violett, hell umrandet. Anhängsel kurz.
V: Ionische Inseln (Kephallinia)
Ä: *O. sphegodes, O. mammosa*
BN: 29. 3. 83, Sami (Kefallinia), H.B.

Óphrys sphegódes subsp. creténsis H. BAUMANN & KÜNKELE
Kretische Unterart

B: Pflanze 30–40 cm, 6–10blütig. Sepalen abstehend, das mittlere vorgezogen, blaßgrün, bisweilen rotbraun überlaufen. Petalen kahl, gewellt, grüngelb. Lippe klein, oval bis dreieckig, gewölbt, ganzrandig, dunkelbraun, meist gelb gesäumt. Mal H-förmig, langgestreckt, himmelblau bis violett. Anhängsel vorgestreckt.
V: Kreta
Ä: subsp. *gortynia*
BN: 27. 3. 86, Amygdali Kato (Cr.), H.B.

III/IV

600

0

Óphrys sphegódes subsp. epirótica (RENZ) GÖLZ & REINHARD
Epirus-Unterart

B: Pflanze 15–45 cm, 6–15blütig. Sepalen abstehend, gelbgrün bis olivgrün, bisweilen unten bräunlich überlaufen. Petalen kahl, schwach gewellt, grün. Lippe oval bis rundlich, gewölbt, selten schwach gehöckert, hell- bis dunkelbraun, meist mit gelbem Saum, gewölbt. Mal H-förmig, blau bis violett, Anhängsel klein.
V: Nordwestgriechenland
Ä: *O. mammosa, O. hebes*
BN: 26. 5. 84, Joannina (N-Gr.), M. Bayer

V

900

0

Óphrys sphegódes subsp. praécox B. CORRIAS
Frühblühende Unterart

B: Pflanze 15–40 cm, 3–10blütig. Sepalen abstehend, das mittlere vorgezogen, weiß bis gelbgrün. Petalen kahl, gewellt, weißlich, am Rande gelbgrün. Lippe oval, bisweilen schwach 3lappig, schwach gehöckert, braun, bisweilen mit rötlich-gelbem Saum. Mal H-förmig am Basalfeld, violett, hell gesäumt. Anhängsel klein.
V: Nordwest-Sardinien, Südkorsika
Ä: *O. incubacea, O. morisii*
BN: 18. 4. 87, Bonifacio (S-Co.), H.B.

I/III

400

0

III/V

600

0

Óphrys sphegódes subsp. provinciális
H. BAUMANN & KÜNKELE
Südfranzösische Unterart

B: Pflanze 25–35 cm, 6–9blütig. Sepalen abstehend, grün. Petalen $^1/_2$ so lang wie die Sepalen, gewellt, kurz-behaart, grün bis braungrün. Lippe ziemlich groß, rundlich bis oval, meist ungeteilt, schwach gewölbt, kaum gehöckert, braunrot bis dunkelbraun, oft hell gesäumt. Mal ausgedehnt, H-förmig bis schildartig, blauviolett, hell umsäumt. Anhängsel klein.
V: Südfrankreich
Ä: *O. araneola,* subsp. *sphegodes*
BN: 1. 5. 87, Grasse (S-Ga.), H.B.

II/IV

Órchis canariénsis LINDL.
Kanarisches Knabenkraut

S: *O. patens* subsp. *canariensis* (LINDL.) SOÓ

B: Pflanze 15–60 cm hoch. Stengel etwas hin- und hergebogen, grün, oberwärts meist rot überlaufen. Laubblätter 3–5, am Grunde rosettig gehäuft, schmal-lanzettlich, 5–18 cm lang, 2–4 cm breit, ungefleckt, leicht glänzend, nach oben 1 scheidiges Stengelblatt. Blütenstand eiförmig, ziemlich kurz, aufgelockert, 5–20blütig. Blüten weißlich bis hellrot, Lippenzeichnung dunkelrot. Tragblätter lanzettlich, etwas län-

I/IV

Órchis collína BANKS & SOLAND. in RUSSELL
Hügel-Knabenkraut

S: *O. saccata* TEN., *O. chlorotica* WORONOW, *O. fedtschenkoi* CZERNIAK., *O. leucoglossa* O. SCHWARZ

B: Pflanze 10–30 cm hoch. Stengel steif aufrecht und dick. Laubblätter 3–7, die meisten am Grunde gehäuft, länglich-eiförmig und ausgebreitet, 3–12 cm lang, bis zu 3 cm breit, die größte Breite etwa in der Mitte, dunkelgrün glänzend. Stengelblätter 4–5, kleiner, den Stengel scheidig umhüllend. Blütenstand langgestreckt, zylindrisch, 6–15 cm lang, mit 4–14 locker angeordneten Blüten.

Óphrys sphegódes subsp. montenegrina
H. BAUMANN & KÜNKELE
Montenegrinische Unterart

B: Pflanze 30–60 cm, 2–15blütig. Sepalen abstehend, hellgrün, unten oft braunrot gespritzt. Petalen kahl, grüngelb bis bräunlich, $^2/_3$ so lang wie die Sepalen, am Rande gewellt. Lippe fast kreisrund, ganzrandig, gewölbt, dunkelbraunviolett, schwach gehöckert, nur an den Schultern behaart. Mal langgestreckt, H-förmig, silbrig umrandet, dunkelviolett. Anhängsel winzig.
V: Jugoslawien (Montenegro)
Ä: subsp. *sphegodes, O. mammosa*
BN: 20. 4. 81, Budva (S-Ju.), H.B.

III
IV

200
0

ger als der Fruchtknoten. Sepalen eiförmig-länglich, mit grünem Mittelbereich und blütenfarbiger breiter Randzone, stets ohne grüne Punkte, die seitlichen steil aufgerichtet, das mittlere mit den Petalen zusammenneigend. Lippe fast flach, im vorderen Drittel tief 3lappig, Seitenlappen elliptisch, Mittellappen vorgezogen, vorne ausgebuchtet oder gezähnelt. Sporn sackförmig, $^1/_2$mal so lang wie der Fruchtknoten, waagrecht bis etwas aufwärts gerichtet.
V: Kanarische Inseln
Ä: *Orchis patens*
BN: 28. 1. 78, Lomo de Masca (Teneriffa), M. Bayer

1400
800

Blüten ziemlich groß, olivgrün bis dunkelviolett. Tragblätter lanzettlich, zugespitzt, meist rotbraun gefärbt. Sepalen eiförmig-länglich, die seitlichen vollständig zurückgeschlagen, 9–12 mm lang und 3–4 mm breit, das mittlere mit den Petalen zusammenneigend. Petalen länglich und stumpf, 7–10 mm lang. Lippe ungeteilt, rundlich, kaum gewellt, 9–12 mm lang, 9–11 mm breit, an den Rändern zurückgeschlagen, dunkelgrün bis rotbraun, an der Basis hell, ohne Fleckung. Sporn kurz, dick, steil abwärts gerichtet, 5–7 mm lang, hell.
V: Mediterran, reicht bis Nordiran
Ä: *O. cyrenaica* (Sporn länger)
BN: 3. 4. 86, Ajia Warwara (Cr.), H.B.

2200
0

III
VI

Órchis pátens DESF.
Atlas-Knabenkraut

S. *O. brevicornis* VIV.

B: Pflanze 25–70 cm hoch. Laubblätter 5–8, am Grunde rosettig gehäuft, lanzettlich, 7–14 cm lang, 1,3–2,5 cm breit, schwach gefleckt oder ungefleckt. Nach oben folgen 2–3 scheidenartige Stengelblätter. Blütenstand zylindrisch, 6–30 cm lang, mit 7–40 locker angeordneten Blüten. Tragblätter kürzer als der Fruchtknoten. Blüten relativ groß, hellrot bis dunkelrot. Seitliche Sepalen eiförmig, am Ende stumpf, 8–10 mm lang, ausgebreitet, aber nicht vollständig zurückgeschlagen. Auf der Innen-

IV
V

Órchis prísca HAUTZINGER
Kreta-Knabenkraut

S: *O. patens* subsp. *nitidifolia* TESCHNER, *O. spitzelii* subsp. *nitidifolia* (TESCHNER) SÓO

B: Pflanze 15–40 cm hoch. Stengel rotviolett überlaufen. Laubblätter 3–7, am Grunde rosettig gehäuft, lanzettlich-elliptisch, spitz, 6–17 cm lang, 1,5–3 cm breit, ungefleckt, hellgrün, glänzend. 2–3 scheidige Stengelblätter. Blütenstand locker, 5–25blütig. Tragblätter häutig, rotviolett. Sepalen länglich-eiförmig, 8–13 mm lang, 4–5,5 mm breit, die seitlichen steil aufgerichtet, innen mit einem grünen, braun punktierten Mittelteil, au-

V
VII

Órchis spitzélii SAUTER ex. W. KOCH
Spitzels Knabenkraut

S: *O. viridifusca* ALBOFF, *O. patens* subsp. *orientalis* (RCHB. fil.) K. RICHT., *O. spitzelii* subsp. *gotlandica* (B. PETTERSSON) A. & D. LÖVE

B: Pflanze 20–35 cm hoch. Laubblätter 4–7, am Grunde rosettig gehäuft, länglich-oval, bis zu 10 cm lang und bis 2,5 cm breit, hellgrün und glänzend. Nach oben folgen 1–2 scheidige Stengelblätter. Blütenstand mittellang, mit 10–12 locker angeordneten Blüten. Blüten ziemlich groß, rosa bis hellrot. Perigon-

seite ein rötlich umrandetes, grünes Feld mit dunkelroten Punkten. Das mittlere Sepal und die Petalen wölben sich über das Säulchen. Lippe stark dreigeteilt mit vorgezogenem Mittellappen und kleineren Seitenlappen, entlang der Mittellinie nach hinten gefaltet. An den Seitenrändern der Narbenhöhle befinden sich zwei deutliche Schwielen. Lippe im zentralen Teil heller und mit dunkelroten Punkten gezeichnet. Sporn sackförmig, waagerecht bis abwärts gerichtet, extrem kurz, $\frac{1}{3}$ so lang wie der Fruchtknoten.
V: Oberitalien, Nordafrika
Ä: *O. prisca, O. spitzelii*
BN: l: 20. 4. 76, Tizi Ozou;
r: 25. 5. 74, Teniet el Haad (Ag.), H.B.

1600
0

ßen nur schwach grün überlaufen, das mittlere mit den kürzeren Petalen über die Säule gebogen. Lippe eiförmig, unterhalb der Mitte tief 3lappig, 12–16 mm lang; Seitenlappen elliptisch, herabgeschlagen; Mittellappen vorgezogen; hellrot mit weißem Mittelteil, dunkelrot, bis in den Sporneingang punktiert. Sporn aus breitem Grunde verjüngt, leicht bogenförmig, 7–11 mm lang, rötlich, abwärts gerichtet.
V: Kreta (endemisch)
Ä: *O. spitzelii* (fehlt auf Kreta)
BN: 6. 6. 86, Omalos (Cr.), H.B.

1700
600

blätter bilden einen leicht geöffneten Helm. Sepalen 8 mm lang, eiförmig, auf der Unter- und Oberseite olivgrün und mit roten Punkten besetzt. Lippe dreilappig mit vorgezogenem Mittellappen, größer als die nach hinten umgebogenen Seitenlappen, im mittleren Bereich mit roten Punkten besetzt, 8 mm lang, 10 mm breit, an den Seitenrändern der Narbenhöhle befinden sich 2 deutliche Schwielen. Sporn sackförmig, nach unten gerichtet, etwa halb so lang wie der Fruchtknoten.
V: Von Spanien bis Kaukasus
Ä: *O. patens* (Sporn kürzer)
BN: 24. 5. 83, Kalavrita (S-Gr.), H.B.

2100
0

III/VII

Órchis corióphora L.
Wanzen-Knabenkraut
subsp. corióphora
Gewöhnliche Unterart

S: *O. fragrans* POLLINI, *O. cassidea* M.-BIEB.

B: Pflanze 12–50 cm hoch. Stengel aufrecht, dünn. Laubblätter 4–10, die meisten am Grunde rosettig gehäuft, schmal und lanzettlich, zugespitzt, 5–15 cm lang und 0,8–2,0 cm breit, gefaltet, ungefleckt. Nach oben folgen 2–4 scheidige Stengelblätter. Blütenstand zylindrisch, 5–15 cm lang, dicht- und reichblütig. Blüten relativ klein, grün bis dunkel rotbraun gefärbt. Tragblätter lanzettlich und zugespitzt, etwa so lang

IV/VII

Órchis corióphora
subsp. martrínii (TIMB.-LAGR.) NYM.
Martrinis Unterart

S.: *O. martrinii* TIMB.-LAGR., *O. coriophora* subsp. *carpetana* (WILLK.) K. RICHT., & subsp. *apricorum* (DUFFORT) MALAGARRIGA

B: Pflanze klein, 15–25 cm hoch. Laubblätter ziemlich steil aufgerichtet, 3–4 cm breit. Blütenstand kurz, eiförmig, 5–7 cm lang, 8–12blütig. Tragblätter schmal-lanzettlich, deutlich länger als

IV/VI

Órchis sáncta L.
Heiliges Knabenkraut

S: *O. coriophora* subsp. *sancta* (L.) HAYEK

B: Pflanze 20–50 cm hoch. Laubblätter 8–15, am Grunde rosettig gehäuft, ungefleckt, lang und schmal, 4–7 cm lang und 0,8–1,5 cm breit. Nach oben folgen 4–6 scheidige Stengelblätter. Blütenstand langgestreckt, bis 10 cm lang und trägt zahlreiche locker angeordnete Blüten. Tragblätter lang zugespitzt, etwa so lang wie der Fruchtknoten. Blüten relativ klein, hell- bis dunkelrot. Sepalen

wie der Fruchtknoten. Seitliche Sepalen eiförmig-lanzettlich und zugespitzt, 7–10 mm lang und 3–4 mm breit. Petalen 4–6 mm lang und 1–2 mm breit, zugespitzt. Perigonblätter helmförmig. Lippe dreilappig, 5–7 mm lang, 7 mm breit, flach, nach rückwärts umgebogen, der Mittellappen vorgezogen, grün bis dunkel rotbraun, an der Basis heller, mit roten Punkten oder Strichen. Sporn kurz und konisch, zugespitzt, 5–6 mm lang, abwärts gerichtet. Wanzenähnlicher Geruch der Blüten.
V: Mittel- und Südeuropa
Ä: *O. sancta* (Lippe nicht punktiert)
BN: l: 29. 3. 70, Orga (NW-Cyp.);
r: 30. 5. 82, Martigny (S-He.), H.B.

2500

0

der Fruchtknoten. Blüten relativ groß, in allen Dimensionen größer als die subsp. *coriophora,* nicht duftend. Seitenlappen und Mittellappen der Lippe dunkel rotbraun, Mittelteil weißlich, nur sehr spärlich und fein punktiert. Sporn weiß, groß und dick, etwa so lang wie der Fruchtknoten, breitkegelförmig, sich zu stumpfer Spitze verjüngend, am Ende etwas bogig.
V: Südfrankreich, Spanien
Ä: subsp. *coriophora*
BN: 18. 6. 82, Font-Romeu (Ga.),
R. Engel

1800

0

und Petalen bilden einen sehr lang zugespitzten Helm. Sepalen 9–13 mm lang, auf der Außenseite rot mit grünem Nerv. Lippe dreilappig, mit lang vorgezogenem Mittellappen, ohne Punkte oder Flecken, keilförmig, 12–15 mm lang, 5–6 mm breit, am Rande gesägt, flach ausgebreitet. Sporn hakenförmig nach unten gekrümmt, 6–8 mm lang, etwas kürzer als der Fruchtknoten.
V: Ostmediterran (Kreta – Israel)
Ä: *O. coriophora* (Lippe punktiert)
BN: l: 15. 5. 80, Izmir (SW-Tu.);
r: 20. 4. 78, Haifa (Pa.), H.B.

800

0

II/V

Órchis láctea POIR.
Milchweißes Knabenkraut

S: *O. conica* WILLD., *O. pusilla* TYTECA, *O. corsica* VIV., *O. acuminata* DESF.

B: *Pflanze* 7–20 cm hoch. Stengel aufrecht, kräftig. Laubblätter 5–8, die meisten am Grunde rosettig gehäuft, breit eiförmig, 4–9 cm lang, 1,5–2,5 cm breit, hellgrün. Nach oben folgen 2–3 scheidige Stengelblätter. Blütenstand zylindrisch, locker bis reichblütig, 2,5–5 cm lang. Tragblätter häutig, dem Fruchtknoten anliegend, etwa so lang wie dieser, lang zugespitzt. Sepalen und Petalen bilden einen Helm, weißlich bis

III/VI

Órchis tridentáta SCOP.
Dreizähniges Knabenkraut

S: *O. variegata* ALL., *O. commutata* TOD.

B: Pflanze 15–40 cm hoch. Laubblätter 5–8, am Grunde rosettig gehäuft, blaugrün, 4–12 cm lang, 1,0–2,5 cm breit. Nach oben folgen 2–3 scheidige Stengelblätter. Blütenstand halbkugelig, dicht, 2–4 cm lang. Blüten klein, weiß, rosa bis hellviolett. Tragblätter lang, zugespitzt, etwa so lang wie der Fruchtknoten. Die Perigonblätter bilden einen lockeren Helm, seine spitzen Enden sind frei. Sepalen länglich-eiförmig,

V/VIII

Órchis ustuláta L.
Angebranntes Knabenkraut

S: *O. parviflora* WILLD.

B: Pflanze 10–30 cm hoch. Laubblätter 3–6, am Grunde rosettig gehäuft, blaugrün, 3–8 cm lang, 0,5–2,0 cm breit. Nach oben folgen 1–3 scheidige Stengelblätter. Blütenstand kurz, bis zu 10 cm lang und trägt zahlreiche winzige Blüten. Tragblätter häutig, etwa so lang wie der Fruchtknoten. Blüten sehr klein. Die Perigonblätter bilden einen kleinen kugeligen Helm, außen dunkelpurpurn,

blaßrosa, Nerven dunkelrot. Seitliche Sepalen sind 7–9 mm lang, am Ende lang zugespitzt, nach außen umgebogen. Petalen schmäler und kürzer. Lippe tief dreigeteilt, Mittellappen größer und breiter als die Seitenlappen. Lippe flach, an den Rändern leicht nach hinten gewölbt, 6–8 mm lang, 8 mm breit, weißlich bis dunkelrosa, mit purpurnen Flecken besetzt, am Rande oft größere Flächen bedeckend. Sporn zylindrisch, dick, am Ende zugespitzt, 6 mm lang, etwa halb so lang wie der Fruchtknoten.
V: Mediterran (ohne Türkei, Zypern)
Ä: *O. tridentata* (hochgewachsen)
BN: l: 15.4.80, Messina (Si.);
r: 12.4.87, Vidauban (S–Ga.), H.B.

1800
0

deutlich zugespitzt, 7–10 mm lang, rosa bis hellviolett, Nerven grün oder rot gezeichnet. Lippe tief dreilappig, der Mittellappen nochmals geteilt, flach oder an den Rändern leicht aufwärts gebogen, 7–9 mm lang, 5–6 mm breit, hellrosa bis fast rein weiß, mit purpurroten Punkten dicht besetzt. Sporn abwärts gerichtet, halb so lang wie der Fruchtknoten.
V: Zentral- bis ostmediterran, isoliert in Mitteleuropa
Ä: *O. lactea* (niederwüchsig)
BN: l: 1.5.81, Ljubljana (N–Ju.);
r: 16.5.83, Scanno (M–It.), H.B.

2200
0

im Knospenzustand fast schwarz. Sepalen eiförmig, 3–4 mm lang, die Petalen noch kürzer. Lippe stark dreigelappt, flach ausgebreitet, die Seitenlappen kleiner als der meist nochmals zweigeteilte Mittellappen. Ausgebreitet ist die Lippe 5 mm lang und 3 mm breit, fast rein weiß, mit kleineren purpurnen Flecken besetzt. Sporn zylindrisch, stumpf, abwärts gerichtet, halb so lang wie der Fruchtknoten.
V: Mittel-, Ost- und Südeuropa
Ä: Kaum verwechselbar
BN: 29.5.87, Grevenna (N–Gr.), H.B.

2500
0

IV
VI

Órchis purpúrea HUDS.
Purpur-Knabenkraut

S: *O. fusca* JACQ., *O. moravica* JACQ. *O. maxima* K. KOCH

B: Pflanze 25–80 cm hoch. Laubblätter 4–8, am Grunde rosettig gehäuft, 6–17 cm lang, 2–6 cm breit, dunkelgrün glänzend. Nach oben folgen 1–2 scheidige Stengelblätter. Blütenstand groß und breit, 5–20 cm lang, reichblütig. Tragblätter häutig, nur $^1/_3$ so lang wie der Fruchtknoten. Die Blüten gehören zu den größten der Gattung. Sepalen und Petalen bilden einen dichten Helm,

III
V

Órchis lokiána H. BAUMANN
Lokis Knabenkraut

B: Pflanze 30–50 cm hoch. Stengel grün, oberwärts rinnig. Laubblätter 6, am Grunde rosettig, lanzettlich, 6–13 cm lang, 3–5 cm breit, gelblichgrün, ungefleckt, glänzend, oben 2 scheidige Stengelblätter. Blütenstand locker, 6–9 cm lang, reichblütig. Tragblätter klein, 4 mm lang, häutig, hellrosa. Blüten mittelgroß. Perigonblätter helmförmig zusammenneigend, außen rotviolett bis dunkel rotbraun, innen hellrot. Sepalen eiförmig, 8–11 mm lang, 4 mm breit, zugespitzt. Petalen lanzettlich, 7 mm lang,

V
VI

Orchis caucásica REGEL
Kaukasisches Knabenkraut

B: Pflanze 35–70 cm hoch. Laubblätter 4–8, am Grunde rosettig gehäuft, 9–20 cm lang, 3–7 cm breit, hellgrün, glänzend, ungefleckt, nach oben 1–2 scheidige Stengelblätter. Blütenstand bis zu 25 cm lang, dicht, vielblütig. Blüten ziemlich groß. Tragblätter klein, häutig, Perigonblätter helmförmig, außen purpurviolett, innen entlang der Nerven mit braunroten Punkten. Sepalen eiförmig, zugespitzt, 10–12 mm lang, 3,5–5 mm breit. Petalen kürzer, lineal. Lippe flach,

außen purpurn, innen etwas heller. Sepalen 13 mm lang, Petalen kleiner. Lippe tief dreigeteilt, der Mittellappen nochmals zweigeteilt. Der Mittellappen ist 4–5mal größer als die schmalen Seitenlappen, in der Form sehr variabel. Lippe hell gefärbt, 10–14 mm lang, 12–13 mm breit, mit zahlreichen purpurnen Papillen besetzt. Sporn 4 mm lang, $^{1}/_{3}$ so lang wie der Fruchtknoten, abwärts gerichtet.
V: Von England bis Türkei
Ä: *O. caucasica*
BN: l: 10. 4. 77, Mte. Gargano (S-It.); r: 19. 5. 86, Hechingen (S-Ge.), H.B.

1800
0

1-1,5 mm breit, spitz. Lippe flach, am Grunde tief 3lappig, weißlich bis rosa, purpurn punktiert, 9–11 mm lang, 11-13 mm breit. Seitenlappen schräg abstehend, lanzettlich gebogen, 6–7,5 mm lang, 1,5–2 mm breit. Mittellappen aus schmalem Grunde rasch verbreitert, keilförmig bis oval, 7–9 mm lang, 8–10 mm breit, vorne 2lappig, mit spitzem Zahn in der Bucht. Sporn zylindrisch, abwärts gerichtet, 3–4 mm lang, weißlich.
V: Nordostalgerien
Ä: *O. purpurea* (Blüten größer)
BN: 18. 3. 82, Constantine (NE-Ag.), H.B.

1000
900

am Grunde tief dreilappig, 10–12 mm lang, 10–15 mm breit, am Grunde mit spitzem Einschnitt, im Zentrum dicht mit roten Papillen besetzt. Seitenlappen lineal, seitlich abstehend. Mittellappen groß, aus schmälerem Grunde allmählich verbreitert, vorne 2lappig. Vordere Seitenlappen eckig bis rundlich, spreizend, in der Bucht meist ein spitzer Zahn. Lippen hellrosa bis rot. Sporn zylindrisch, leicht bogig, abwärts gerichtet, 4–7 mm lang, weißlich bis rosa.
V: NO-Türkei, Kaukasus
Ä: *O. purpúrea, O. adenocheila*
BN: 1. 6. 84, Bakuriani (Cauc.), H.B.

1500
0

IV/V

Órchis adenocheila CZERNIAK.
Drüsenlippiges Knabenkraut

B: Pflanze 30–60 cm hoch. Stengel grün. Laubblätter am Grunde rosettig gehäuft, dunkelgrün, glänzend, bis zu 20 cm lang und 3–5 cm breit. Oben 2 schneidige Stengelblätter. Blütenstand zylindrisch, reichblütig, bis zu 25 cm lang. Tragblätter klein, häutig, 3–4 mm lang, hellgrün. Blüten mittelgroß, nach Vanille duftend. Perigonblätter helmförmig, innen und außen schmutzig grün, entlang den Rändern und Nerven rotbraun. Sepalen eiförmig. 10–12 mm lang, 4–5 mm breit, zugespitzt. Petalen lanzettlich, stumpf, 1 mm breit. Lippe

IV/VII

Órchis militáris L.
Helm-Knabenkraut

S: *O. rivinii* GOUAN, *O. cinerea* SCHRANK

B: Pflanze 25–45 cm hoch. Laubblätter 4–6, am Grunde rosettig gehäuft, eiförmig-länglich, 8–14 cm lang, 2,0–4,5 cm breit, glänzend hellgrün. Nach oben folgen 1–2 scheidenartige Stengelblätter. Blütenstand zylindrisch, nicht sehr dicht, reichblütig. Tragblätter häutig, blaß gefärbt, 3–4mal kürzer als der Fruchtknoten. Blüten mittelgroß. Sepalen und Petalen bilden einen Helm, außen blaßrosa bis fast weiß, innen

V/VII

Órchis stevénii RCHB. fil.
Stevens Knabenkraut

S: *O. raddeana* REGEL, *O. simia* subsp. *stevenii* (RCHB. fil.) E.G. CAMUS, *O. punctulata* subsp. *stevenii* (RCHB. fil.) SUNDERM.

B: Pflanze 25–45 cm hoch. Laubblätter 6–10, am Grunde rosettig gehäuft, bis 16 cm lang, 4 cm breit. Nach oben folgen 2–3 scheidige Stengelblätter. Blütenstand langgestreckt, 12–15 cm lang, vielblütig. Tragblätter häutig und 4–5mal kürzer als der Fruchtknoten. Blüten groß, hell gefärbt. Die Perigonblätter bilden einen geschlossenen, langge-

flach, tief dreilappig, 10–12 mm lang, 10–15 mm breit, der Mittellappen nochmals zweigeteilt, am freien Ende mit einem Zähnchen. Seitenlappen schräg abstehend, lanzettlich, 5–7 mm lang, 1 mm breit. Mittellappen aus schmälerem Grunde allmählich verbreitert, 3–5 mm lang, 2,5–4 mm breit. Lippe rahmgelb bis grüngelb gefärbt, im oberen Teil des Mittellappens purpurn punktiert. Sporn zylindrisch, abwärts gerichtet, 4–7 mm lang, gelbgrün, am freien Ende oft zweigeteilt.
V: Nordpersien
Ä: *O. caucásica, O. punctuláta*
BN: l: 22. 4. 73, Golestan;
r: 30. 4. 74, Vinak (N-Pe.), J. Renz

1500
150

dunkler getönt. Sepalen 10–14 mm lang, deutlich zugespitzt. Petalen kürzer und schmäler. Lippe tief dreigeteilt, der Mittellappen nochmals zweispaltig. Die langen und schmalen Seitenlappen stehen seitlich ab, etwas nach oben gekrümmt. Lippe rosaviolett bis purpurviolett, der zentrale Teil heller und mit purpurroten Saftmalen besetzt. Lippe 10–15 mm lang und 8–12 mm breit. Sporn zylindrisch, am Ende stumpf, abwärts gerichtet und 6–7 mm lang, etwa halb so lang wie der Fruchtknoten.
V: Mittel- und Osteuropa
Ä: *O. stevenii* (Blüten länger)
BN: 20. 5. 83, Pforzheim (S-Ge.), H.B.

1800
0

streckten Helm. Seitliche Sepalen 16 mm lang, außen weißlich bis rosa. Lippe tief dreigeteilt, 17 mm lang, 5 mm breit, der Mittellappen nochmals zweigeteilt und langgestreckt, hellrosa bis blaßviolett und besonders auf dem Mittellappen mit dunkleren Punkten übersät. Lippe waagrecht abstehend, kaum geöffnet. Mittellappen länger als die Seitenlappen. Sporn abwärts gerichtet, weißlich gefärbt, halb so lang wie der Fruchtknoten.
V: NO-Türkei, Kaukasus
Ä: *O. militaris* (Lippe kürzer)
BN: 27. 5. 84, Suchumi (Cauc.), H.B.

1900
400

III/VI

Órchis símia LAM.
Affen-Knabenkraut

S: *O. macra* LINDL.

B: Pflanze 20–45 cm hoch. Laubblätter 3–6, am Grunde rosettig gehäuft, glänzend hellgrün und ungefleckt, länglich-eiförmig, 6–15 cm lang, 2,0–4,5 cm breit. Nach oben folgen 1–2 scheidige Stengelblätter. Blütenstand kurz, zylindrisch, 3–7 cm lang, reichblütig. Tragblätter sehr kurz, lang zugespitzt, etwa halb so lang wie der Fruchtknoten. Blüten mittelgroß, blühen von oben nach unten auf. Die Perigonblätter bilden einen Helm mit frei abstehenden Spitzen, außen weiß bis rosa, Nerven dunkler.

II/V

Órchis itálica POIR.
Italienisches Knabenkraut

S: *O. longicornis* LINK, *O. undulatifolia* BIV.-BERN.

B: Pflanze 20–40 cm hoch. Stengel aufrecht und dick. Laubblätter 5–8, die meisten am Grunde rosettig gehäuft, länglich-eiförmig, 5–11 cm lang, 1,5–2,5 cm breit, am Rande deutlich gewellt. Nach oben folgen 2–3 scheidige Stengelblätter. Blütenstand zylindrisch, dicht- und vielblütig, 3,5–6,5 cm lang. Tragblätter klein, häutig, Sepalen und Petalen bilden einen Helm, blaß bis hellrot, Nerven purpurrot. Seitliche Sepalen lanzettlich, lang zugespitzt, 9–12

II/V

Órchis punctuláta STEVEN ex LINDL.
Punktiertes Knabenkraut

S: *O. sepulchralis* BOISS. ex HELDR., *O. schelkownikowii* WORONOW

B: Pflanze 25–80 cm hoch. Laubblätter 5–10, am Grunde rosettig gehäuft, 12–25 cm lang, 3,5–5,5 cm breit, grün und glänzend. Nach oben folgen 1–2 scheidige Stengelblätter. Blütenstand außergewöhnlich langgestreckt, bis zu 15 cm lang und sehr reichblütig. Tragblätter häutig, halb so lang wie der Fruchtknoten. Blüten mittelgroß, grüngelb bis gelb. Perigonblätter bilden einen locke-

Sepalen 10 mm lang, Petalen deutlich kleiner. Lippe tief dreigeteilt, der Mittellappen nochmals tief zweigeteilt. Die Seitenlappen und die beiden Teillappen des Mittellappens sind lang und schmal, an den freien Enden aufwärts gebogen und dunkelrot. Der mittlere Teil der Lippe ist weiß bis rosa und mit dunkelroten Papillen besetzt. Sporn zylindrisch, hell gefärbt, abwärts gerichtet, halb so lang wie der Fruchtknoten, 5 mm lang.

V: Atlantisch-mediterran

Ä: *O. italica* (Blätter gewellt)

BN: I: 15. 5. 87, Kaiserstuhl (S-Ge.);
r: 26. 3. 86, Phaistos (Cr.), H.B.

1700

0

mm lang. Petalen kleiner. Lippe tief dreigeteilt, Mittellappen nochmals zweigeteilt. Seitenlappen und beide Teillappen des Mittellappens, die ein Zähnchen einschließen, sind 1,3–1,6 cm lang, enden spitz und sind leicht nach oben gebogen. Lippe hell- bis rosaviolett mit dunkleren Saftmalen. Sporn dünn, abwärts gerichtet, etwa halb so lang wie der Fruchtknoten, 6 mm lang.

V: Mediterran

Ä: *O. simia* (Zipfel nicht spitz, Blätter nicht wellig), *O. stevenii*

BN: I: 25. 3. 86, Kolimbia (Rhodos);
r: 14. 4. 79, Lissabon (S-Lu.), H.B.

1300

0

ren Helm, außen hellgrün bis grüngelb, innen dunkler hervortretende Nerven. Sepalen 9–13 mm lang, 4 mm breit, Petalen kleiner. Lippe tief dreigelappt, der Mittellappen nochmals zweigeteilt. Er weist zusätzlich ein Zähnchen auf. Lippe im zentralen Teil grüngelb bis gelb, mit dunkleren Punkten gezeichnet, die äußeren Lippensegmente sind dunkler gefärbt. Sporn 6 mm lang, am Ende stumpf, nach unten gekrümmt, etwa halb so lang wie der Fruchtknoten.

V: Ostmediterran

Ä: *O. galilaéa* (Blüten kleiner)

BN: 6. 3. 84, Lefkara (S-Cyp.), H.B.

1400

0

II
IV

Órchis galilaéa (BORNM. & M. SCHULZE) SCHLECHTER
Galiläisches Knabenkraut

S: *O. punctuláta* subsp. *galilaea* BORNM. & M. SCHULZE) SOÓ

B: Pflanze 20–50 cm hoch. Blätter 3–6, am Grunde rosettig gehäuft, länglich-lanzettlich, hellgrün glänzend, ungefleckt, 6–12 cm lang, 2,5–5 cm breit. Nach oben folgen 1–2 scheidige Stengelblätter. Blütenstand 4–12 cm lang und trägt 15–30 mäßig dicht stehende Blüten. Tragblätter häutig, sehr kurz, nur 1/4 so lang wie der Fruchtknoten. Blüten mittelgroß, gelbgrün, grün oder rosa, sie blühen von oben nach unten auf.

III
IV

Órchis cyrenaíca E. A. DURAND & BARATTE
Cyrenäisches Knabenkraut

S: *Dactylorhiza cyrenaica* (E. A. DURAND & BARATTE) HAUTZINGER, *O. melchifafii* HAUTZINGER

B: Pflanze 20–35 cm hoch. Stengel dick, vom Grunde an beblättert. Laubblätter 6–7, 10–12 cm lang, 2,5–3 cm breit, grün, ungefleckt. Blütenstand eiförmig, dicht, 10–15blütig. Tragblätter lanzettlich, 3 cm lang, 1 cm breit, etwa so lang wie der Fruchtknoten, krautig, rosa. Blüten ziemlich groß, purpurrot, ohne Zeichnung. Sepalen abstehend,

III
VI

Órchis papilionácea L.
Schmetterlings-Knabenkraut
subsp. papilionácea
Gewöhnliche Unterart

S: *O. rubra* JACQ., *O. papilionácea* subsp. *rubra* (JACQ.) ARCANG.

B: Pflanze 10–40 cm hoch. Stengel im oberen Teil braunrot, Laubblätter 5–10, am Grunde rosettig gehäuft, ungefleckt, lineal-lanzettlich, 4–18 cm lang, 0,5–1,5 cm breit. Nach oben folgen 2–3 scheidige Stengelblätter. Blütenstand kopfig, locker, 4–20blütig. Tragblätter lanzettlich, etwa so lang wie der Fruchtknoten, rot. Perigonblätter zu einem ge-

Sepalen und Petalen bilden einen lockeren Helm, außen gelbgrün bis rosa, Nerven auf der Innenseite dunkelpurpurn. Sepalen 9–10 mm lang. Lippe tief dreilappig, Mittellappen länger und nochmals geteilt. Lippe 10 mm lang und breit, in der Mitte hell gefärbt und mit purpurnen Punkten oder Strichen besetzt. Seitenlappen und die beiden Teillappen des Mittellappens lang und schmal, am Ende abgerundet, grüngelb bis dunkelrot. Sporn zylindrisch, nach unten gebogen, etwa $^1/_3$ so lang wie der Fruchtknoten.
V: Israel bis Südtürkei
Ä: *O. punctuláta* (Lippe anders)
BN: 25. 3. 78, Haifa (Pa.), H.B.

1000
300
◑

oval, stumpf, 10 mm lang, 5 mm breit, rot, mit 4–5 dunkelroten Nerven. Petalen lanzettlich, stumpf, 9 mm lang, 3 mm breit, rötlich, mit 3 Nerven. Lippe aus schmalem Grunde oval-keilförmig, 8–10 mm lang, 7–10 mm breit, ganzrandig, am vorderen Rande gezähnelt, purpurrot. Sporn rötlich, 15 mm lang, zugespitzt, etwa so lang wie der Fruchtknoten, abwärts gerichtet, leicht bogig, rötlich.
V: Libyen (endemisch)
Ä: *O. collina* (Sporn kürzer), *O. papilionácea* (Perigon helmförmig)
BN: M. Golte-Bechtle

600
0
○
◑

öffneten Helm nach vorne gerichtet, Nerven deutlich hervortretend. Sepalen länglich-eiförmig, zugespitzt, 14–19 mm lang, 4–7,5 mm breit, braunrot, Petalen etwas kürzer. Lippe ganzrandig, flach bis seitlich aufgerichtet, am Rande gezähnelt und etwas wellig, 9–16 mm lang und breit, rotviolett, im Mittelteil heller, ohne Zeichnung. Sporn zylindrisch, am Ansatz waagrecht, abwärts gebogen, 12 mm lang.
V: Italien, West-Jugoslawien
Ä: Übrige Unterarten, Bastarde mit *O. morio* und *O. longicornu*
BN: l: 17. 4. 87, Bonifacio (S-Co.); r: 16. 5. 83, Comer See (N-It.), H.B.

1100
0
○
◑

II / V

Órchis papilionácea subsp. grandiflóra (Boiss.) H. Baumann
Großblütige Unterart

S: *O. papilionacea* var. *grandiflora* Boiss.

B: Pflanze 15–40 cm hoch. Laubblätter 5–10, am Grunde rosettig gehäuft. Blütenstand halbkugelig bis eiförmig, bisweilen verlängert, sehr dicht, 4–14blütig. Blüten sehr groß, purpurn. Tragblätter lanzettlich, etwa so lang wie der Fruchtknoten, purpurn. Perigonblätter rotbraun, bilden einen geöffneten Helm, Nerven dunkler, deutlich hervor-

III / V

Órchis papilionácea subsp. heróica (E. D. Clarke) H. Baumann
Trojanische Unterart

S: *O. heroica* E. D. Clarke

B: Pflanze 15–40 cm hoch. Laubblätter 6–9, am Grunde rosettig gehäuft, lanzettlich, ungefleckt. Blütenstand eiförmig, aufgelockert, 2–10blütig. Blüten mittelgroß, purpurn bis rosa. Tragblätter etwa so lang wie der Fruchtknoten, rot. Perigonblätter geöffnet, helmbil-

II / IV

Órchis papilionácea subsp. schirwánica (Woronow) Soó
Schirwans Unterart

S: *O. schirwanica* Woronow, *O. caspica* Trautv., *O. bruhnsiana* (Gruner) Majorow, *O. papilionacea* subsp. *bruhnsiana* (Gruner) Soó

B: Pflanze 10–30 cm hoch. Laubblätter 5–6, am Grunde rosettig gehäuft. Blütenstand länglich bis eiförmig-länglich, ziemlich dicht, 3–12 cm lang, reichblütig. Tragblätter lanzettlich, etwa so lang wie der Fruchtknoten, purpurn. Perigonblätter rot bis purpurn, einen geöff-

tretend. Sepalen eiförmig-länglich, stumpf bis zugespitzt, 16–22 mm lang, 5–7,5 mm breit, Petalen kürzer. Lippe ganzrandig, flach bis seitlich aufgerichtet, aus schmalem Grunde breit kreisförmig, am Rande gezähnelt, 16–25 mm lang, 18–27 mm breit, rosa bis purpurn, mit dunkleren Strichen gezeichnet. Sporn zylindrisch, am Ansatz waagrecht, abwärts gebogen, 10 mm lang.

V: Westmediterran
Ä: subsp. *heroica*
BN: l: 1. 6. 76, Azrou (Ma.); r: 25. 4. 79, Setubal (Lu.), H.B.

1800
0

dend, Nerven dunkler, deutlich sichtbar. Sepalen eiförmig-länglich, zugespitzt, 13–16 mm lang, 5–6 mm breit, Petalen kürzer. Lippe ganzrandig, flach bis seitlich aufgerichtet, verkehrt-herzförmig, ausgerandet, mit purpurroten Strichen und Punkten gezeichnet, 14 mm lang, 16 mm breit. Sporn zylindrisch, gegen die Spitze verjüngt, 10 mm lang, abwärts gerichtet.

V: Griechenland, Kreta, Türkei
Ä: Übrige Unterarten
BN: 25. 3. 86, Kolimbia (Rhodos), H.B.

1300
0

neten Helm bildend, Nerven dunkler, deutlich hervortretend. Sepalen länglich-lanzettlich, stumpf, 10–13 mm lang, 4,5–6 mm breit, Petalen kürzer. Lippe ganzrandig, flach, aus schmalem Grunde eiförmig, am Rande gezähnelt, 10–12 mm lang und breit, im Zentrum hellrosa bis weißlich, am Rande rosaviolett, mit dunkleren Strichen spärlich gezeichnet. Sporn zylindrisch, waagrecht bis abwärts gerichtet, 9–12 mm lang.

V: Ostmediterran (Israel – Südtürkei, Kaukasien)
Ä: Übrige Unterarten
BN: 20. 2. 79, Zefat (N-Pa), H.B.

900
0

IV
VI

Orchis albánica
Gölz & Reinhard
Albanisches Knabenkraut

S: *O. morio* subsp. *albanica* (Gölz & Reinhard) Buttler

B: Pflanze zierlich, 18–28 cm hoch. Stengel kahl, grün. Laubblätter 6–10, am Grunde rosettig gehäuft, schmal, 4–8 cm lang, 0,5–1,5 cm breit, ungefleckt. Nach oben folgen 1–3 scheidige und 1 tragblattartiges Stengelblatt. Blütenstand eiförmig, locker, 5–14blütig. Tragblätter häutig, etwas kürzer als der Fruchtknoten. Blüten klein, meist weiß,

IV
VI

Órchis champagneúxii
Barnéoud
Dreiknollen-Knabenkraut

S: *O. morio* subsp. *champagneuxii* (Barnéoud) E. G. Camus

B: Pflanze 12–25 cm hoch, in Gruppen wachsend (vegetative Vermehrung). Blätter 6–9, am Grunde rosettig gehäuft, schmal-länglich, 3,5–7,5 cm lang, 0,8–1,5 cm breit, grün, ungefleckt. Nach oben folgen 2–3 scheidige Stengelblätter. Blütenstand 2,5–5,5 cm lang, 3–10blütig, rosa bis blaßviolett. Perigonblätter helmförmig. Seitliche

III
VI

Órchis mório L.
Kleines Knabenkraut

S: *O. morio* subsp. *picta* (Loisel.) K. Richt., *O. picta* Loisel.

B: Pflanze 8–30 cm hoch. Laubblätter 6–9, am Grunde rosettig gehäuft, ungefleckt, werden bereits im Herbst gebildet und überwintern, bis zu 15 cm lang und bis zu 2 cm breit. Nach oben folgen 3–4 scheidenartige Stengelblätter. Blütenstand kurz, wenigblütig, er trägt 5–25 locker angeordnete Blüten. Tragblätter so lang wie der Fruchtknoten. Blüten mittelgroß, Sepalen und Petalen bilden einen Helm, die Nerven auf der

selten rosa oder violett. Perigonblätter helmförmig zusammenneigend. Sepalen 5,5–8 mm lang, 2,5–3,5 mm breit, mit 5–8 grünen Adern. Petalen 4–5,5 mm lang, 1–2 mm breit, mit 1–2 grünen Adern. Lippe klein, dreilappig, 4,5–7 mm lang, 5–9 mm breit, Mittellappen vorgezogen. Zeichnung im Mittelteil, 2–3 Reihen feiner rotvioletter Punkte, bisweilen verschmolzen. Sporn dünn, 7–10 mm lang, 1–1,6 mm dick, stumpf, schwach aufwärts gerichtet.
V: *O. morio* (Blätter und Blüten größer)
BN: 18. 5. 80, Vlore (Al.),
H. Reinhard

1500

0

Sepalen 7–10 mm lang, 4–5 mm breit, Petalen kleiner, Nervatur dunkler. Lippe schwach dreilappig mit gestutztem Mittellappen, Seitenlappen vorgezogen, Lippe 6–9 mm lang, 6–11 mm breit, rosa bis blaßviolett, die Mitte der Lippe auf der ganzen Länge hell bis fast weiß, ohne Zeichnung. Sporn so lang wie oder etwas kürzer als der Fruchtknoten, leicht nach oben gebogen.
V: Südfrankreich bis Portugal
Ä: *O. longicornu* (Lippe punktiert)
BN: l: 24. 4. 79, Setubal (Lu.);
r: 15. 4. 79, Hyères (S-Ga.), H.B.

1500

0

Außenseite sind deutlich grün gefärbt. Seitliche Sepalen 6–8 mm lang. Lippe mehr oder weniger stark dreigelappt, die Seitenlappen sind größer als der Mittellappen. Lippe 9–13 mm breit, Seitenlappen ausgebreitet bis zurückgeschlagen. Blütenfarbe variabel und reicht von rein weiß bis zu tief dunkelpurpurn. Der hellere Mittelteil der Lippe ist mit dunklen Saftmalen besetzt. Der Sporn ist aufwärts gebogen, 8–11 mm lang, etwas kürzer als der Fruchtknoten.
V: Europa, NW-Afrika, Kleinasien
Ä: *O. champagneuxii, O. longicornu*
BN: 20. 5. 81, Hechingen (S-Ge.), H.B.

2000

0

II/V

Órchis longicórnu POIR.
Langsporniges Knabenkraut

B: Pflanze 10–30 cm hoch. Laubblätter 6–9, am Grunde rosettig gehäuft, länglich-eiförmig, 3–12 cm lang, bis 1,5 cm breit. Nach oben folgen 2–3 scheidenartige Stengelblätter. Stengel oben dunkel purpurn überlaufen. Blütenstand zylindrisch, kurz, bis 8 cm lang, mit 5–15 locker angeordneten Blüten. Tragblätter häutig, liegen dem Fruchtknoten an, etwa so lang wie dieser. Blüten mittelgroß, violettrot. Sepalen und Petalen bilden einen Helm mit grü-

II/IV

Órchis syríaca BOISS. ex H. BAUMANN & KÜNKELE
Syrisches Knabenkraut

S: *O. morio* subsp. *syriaca* E. G. CAMUS, *O. picta* subsp. *libani* RENZ

B: Pflanze 10–25 cm hoch. Laubblätter 6–9, am Grunde rosettig gehäuft, länglich-lanzettlich, zugespitzt, ungefleckt, grün, bis zu 12 cm lang, bis 2 cm breit. Nach oben folgen 2–3 scheidige Stengelblätter. Blütenstand armblütig, kurz, mit 4–12 locker angeordneten Blüten. Tragblätter grünlich-violett, $\frac{3}{4}$ so lang wie der Fruchtknoten. Blüten klein bis mittelgroß. Die Sepalen und Petalen bil-

IV/V

Órchis bóryi RCHB. fil.
Borys Knabenkraut

S: *O. morio* subsp. *boryi* (RCHB. fil.) SOÓ

B: Pflanze 10–30 cm hoch. Blätter 4–6, am Grunde rosettig gehäuft, länglich-lanzettlich, hellgrün und schmal, lang zugespitzt, 5–8 cm lang, 0,5–1,0 cm breit. Nach oben folgen 2–3 langscheidige Stengelblätter. Blütenstand relativ kurz, sehr locker, 5–15blütig. Tragblätter violett, dem Fruchtknoten anliegend, etwa halb so lang wie dieser. Blüten mittelgroß, blühen von oben nach unten

nen Nerven. Sepalen eiförmig, abgerundet, etwa 7 mm lang, 3 mm breit, Petalen kürzer und schmäler. Lippe dreigeteilt, Mittellappen kürzer als die relativ großen Seitenlappen, 7 mm lang und 12 mm breit. Seitenlappen der Lippe stark zurückgeschlagen und dunkelblau bis rotviolett, Sporn aufwärts gebogen, 16 mm lang, etwas länger als der Fruchtknoten, am Ende stumpf und schwach zweiteilig.
V: Italien – Nordafrika
Ä: *O. morio, O. champagneuxii*
BN: l: 24. 4. 87, Iglesias (Sa.),
r: 19. 3. 82, Tizi Ozou (N-Ag.), H.B.

2000

0

den einen lockeren Helm, grünviolett, Nervatur stark grün. Seitliche Sepalen 5–7 mm lang. Lippe schwach dreilappig, Seitenlappen etwas größer als der Mittellappen. Lippe entlang der gesamten Mittellinie gefaltet und die Seitenlappen nach hinten gebogen. Blütenfarbe variiert zwischen elfenbeinweiß und einem schwachen Rosa. Auf der Lippe keinerlei Striche, Punkte oder Papillen. Sporn hellviolett bis rosa, leicht bogig aufwärts gekrümmt, so lang wie der Fruchtknoten.
V: Südtürkei, Zypern, Syrien
Ä: *O. morio* (Lippe bunt)
BN: 5. 3. 84, Alethriko (S-Cyp.), H.B.

1300

0

auf. Sepalen und Petalen bilden einen lockeren, leicht geöffneten Helm, violett gefärbt, Nervatur dunkler. Sepalen 7–10 mm lang, 4–6 mm breit, Petalen 5–7,5 mm lang, 2,5–3,5 mm breit. Lippe schwach dreilappig, 8–10 mm lang, 9,5–11,5 mm breit, hellrosa, äußere Ränder violett gezeichnet, am Lippengrunde 4–6 kleine violette Punkte. Sporn dünn und lang, violett, waagrecht, 13–17 mm lang, kaum kürzer als der Fruchtknoten.
V: Südgriechenland, Kreta
Ä: *O. morio* (Sporn aufwärts)
BN: 4. 4. 86, Xidas (Cr.) H.B.

1300

0

I/III

Órchis israelítica H. BAUMANN & DAFNI
Israelisches Knabenkraut

B: Pflanze 15–30 cm hoch. Laubblätter 5–10, am Grunde rosettig gehäuft, lanzettlich zugespitzt, 6–12 cm lang, 1,5–2,0 cm breit, ungefleckt. Nach oben folgen 2–3 scheidige Stengelblätter. Blütenstand zylindrisch, mit 10–20 locker angeordneten Blüten. Blüten klein, von heller Grundfarbe. Die häutigen Tragblätter sind lanzettlich, am Ende stumpf und unregelmäßig gezähnt, dem Fruchtknoten anliegend und etwa ⅔ so lang wie dieser. Sepalen und Petalen bilden einen lockeren Helm, innen und

III/V

Órchis anatólica BOISS.
Anatolisches Knabenkraut

S: *O. anatolica* subsp. *troodi* & subsp. *sitiaca* RENZ, *O. rariflora* K. KOCH

B: Pflanze 10–50 cm hoch. Stengel grün, meist rot überlaufen. Laubblätter 2–5, am Grunde rosettig gehäuft, 6–12 cm lang, 1–3 cm breit, gefleckt, selten ungefleckt, nach oben 1–2 scheidige Stengelblätter. Blütenstand locker, bis zu 15 cm lang, 1–15blütig. Blüten ziemlich groß, hellrosa bis dunkelpurpurn, selten weiß. Tragblätter lanzettlich, häutig. Sepalen oval-lanzettlich, 8–10 mm lang, 4 mm breit, die seitlichen schräg

IV/VI

Órchis brancifórtii BIV.-BERN.
Brancifortis Knabenkraut

S. *O. quadripunctata* subsp. *brancifortii* (BIV.-BERN.) E. G. CAMUS

B: Pflanze 10–25 cm hoch. Laubblätter 4–6, am Grunde rosettig gehäuft, schmal-linealisch, 6–10 cm lang, 1–1,5 cm breit, ungefleckt. Nach oben folgen 1–2 scheidige Stengelblätter. Blütenstand eiförmig-zylindrisch, locker. Tragblätter ⅔ so lang wie der Fruchtknoten, rotbraun gefärbt. Blüten sehr klein, rosa bis hellrot. Alle 3 Sepalen seitlich abstehend, an der Spitze abge-

außen an den Rändern rosa, im mittleren Teil grün. Seitliche Sepalen konkav, 6–8 mm lang und 3–4 mm breit, Nerven grün. Petalen 5–6 mm lang und 2–3 mm breit. Lippe dreilappig, 6–8 mm lang, 8–10 mm breit, weißlich bis rosa. Seitenlappen schmäler als der Mittellappen, an der Lippenbasis zwei rote Punktpaare. Aufblühfolge von oben nach unten. Sporn dünn, waagrecht bis leicht nach unten gebogen, zugespitzt, 11–13 mm lang, so lang wie der Fruchtknoten.
V: Israel
Ä: *O. morio*
BN: 20. 2. 79, Zefat (N-Pa.), H.B.

800
400

seitwärts zurückgeschlagen, das mittlere mit den Petalen zusammenneigend. Lippe aus keilförmigem Grunde tief 3lappig, 8–14 mm lang, 8–12 mm breit, längsgefaltet, Seitenlappen keilförmig, Mittellappen vorgezogen, im Mittelteil dunkelrot punktiert. Sporn dünn, 15–25 mm lang, am Lippengrunde seitlich abgeflacht, bis zur Spitze gleichmäßig verjüngt.
V: Ostmediterran (von Kreta an ostwärts)
Ä: *O. quadripunctata* (Sporn gleichmäßig dünn)
BN: 5. 4. 85, Troodos (Cyp.), H.B.

2400
0

rundet. Petalen wölben sich über das Säulchen. Sepalen 3–5 mm lang, Petalen kleiner. Lippe tief dreigeteilt, Mittellappen größer und breiter als die kleinen keilförmigen Seitenlappen, hellrot bis rosa, Basis heller und mit zwei dunkelroten Punktpaaren besetzt, oft zu einem verwaschenen Fleck verschmolzen. Sporn lang und dünn, waagrecht bis leicht abwärts gerichtet, etwa so lang wie der Fruchtknoten.
V: Sardinien, Sizilien
Ä: *O. quadripunctata* (Lippe größer)
BN: 26. 4. 87, Dorgali (E-Sa.), H.B.

1300
0

III/VI

Órchis quádripunctata CIRILLO ex TEN.
Vierpunkt-Knabenkraut

S: *O. hostii* TRATT.

B: Pflanze 10–30 cm. Laubblätter 3–6, am Grunde rosettig gehäuft, gefleckt oder ungefleckt, länglich-lanzettlich, 5–12 cm lang, 0,7–1,5 cm breit. Nach oben folgen 1–2 scheidige Stengelblätter. Blütenstand bis zu 10 cm lang, locker. Tragblätter etwa so lang wie der Fruchtknoten. Blüten gehören zu den kleinsten der Gattung, hellrot bis dunkelrot. Alle 3 Sepalen seitlich abstehend, aber nicht vollständig zurückgeschlagen, die beiden Petalen wölben sich über

II/V

Órchis laéta STEINHEIL
Algerisches Knabenkraut

B: Pflanze 15–25 cm hoch. Laubblätter 4–9, am Grunde rosettig gehäuft, lanzettlich, zugespitzt, 6–10 cm lang, 1,5–2,0 cm breit, ungefleckt. Nach oben folgen 2–3 scheidenartige Stengelblätter. Blütenstand zylindrisch, locker, 4–7 cm lang, mit 5–10 Blüten. Tragblätter häutig, hellgrün, etwa so lang wie der Fruchtknoten. Blüten relativ groß. Seitliche Sepalen eiförmig, kaum zugespitzt, 9–13 mm lang, 5–7 mm breit, vollständig zurückgeschlagen. Das mittlere Se-

III/VI

Órchis lángei LANGE ex K. RICHT.
Langes Knabenkraut

S.: *O. hispanica* A. & C. NIESCHALK, *O. mascula* subsp. *laxifloraeformis* RIVAS-GODAY & B. RODRIGUEZ

B: Pflanze 30–40 cm hoch. Laubblätter 5–10, am Grunde rosettig gehäuft, lanzettlich, zugespitzt, 10–15 cm lang. 1,5–2,0 cm breit, gefleckt. Nach oben folgen 2-4 scheidenartige Stengelblätter. Blütenstand zylindrisch, locker mit 10–30 Blüten. Tragblätter häutig, 15–20 mm lang, etwa so lang wie der Fruchtknoten. Blüten relativ groß, hellpurpurrot gefärbt. Seitliche Sepalen eiförmig-länglich, nur wenig zugespitzt, 9–13

das Säulchen. Sepalen 3–5 mm lang, am Ende abgerundet. Petalen kleiner. Lippe tief dreigeteilt, alle Lappen etwa gleich groß, 5–7 mm lang und breit, flach ausgebreitet, an der Basis hell gefärbt, mit zwei dunkelroten Punktpaaren, von denen das eine Paar meist am Eingang der Narbenhöhle sitzt und von außen nicht sichtbar ist. Sporn lang und sehr dünn, 10–12 mm, so lang wie der Fruchtknoten, waagrecht bis leicht abwärts gerichtet.
V: Zentral- und ostmediterran
Ä: *O. anatolica* (Sporn gegen den Lippengrund verdickt)
BN: l: 5. 4. 86, Dikteon Antron (Cr.); r: 20. 4. 81, Korcula (W-Ju.), H.B.

1600
0

pal neigt sich über die beiden Petalen. Petalen 7–10 mm lang, 4–6 mm breit, länglich-oval. Lippe dreigeteilt mit vorgezogenem Mittellappen, 9–13 mm lang, 12–17 mm breit, ausgebreitet, an den Rändern etwas nach hinten gewölbt, hellgelb, im zentralen Teil mit roten Punkten. Sporn relativ dünn, sehr lang. 20–30 mm, doppelt so lang wie der Fruchtknoten.
V: Algerien
Ä: *O. pauciflora*
BN: l: 20. 4. 76, Blida (N-Ag.); r: 30. 3. 73, Ain Draham (NW-Tn.), H.B.

1500
300

mm lang, 4–6 mm breit, seitlich ausgebreitet und nicht vollständig zurückgeschlagen. Petalen 7–10 mm lang, 3–5 mm breit, länglich-eiförmig. Lippe dreigeteilt mit vorgezogenem Mittellappen, von der Seite gesehen schafsnasenartig gewölbt, 9–13 mm lang, 10–18 mm breit. Seitenlappen nach hinten geschlagen. Lippe im zentralen Teil hell, mit oder ohne Zeichnung. Sporn leicht aufwärts gerichtet, 11–15 mm lang, am Ende abgestumpft, etwas kürzer als der Fruchtknoten.
V: SW-Frankreich, Spanien, Marokko
Ä: *O. mascula*
BN: 25. 5. 80, Siles (S-Hs.), H.B.

1500
500

V
VII

Órchis máscula L.
Männliches Knabenkraut
subsp. máscula
Gewöhnliche Unterart

S: *O. stabiana* TEN.

B: Pflanze 20–55 cm hoch. Stengel unten oft braunrot gestrichelt. Laubblätter 4–8, am Grunde rosettig gehäuft, dunkelgrün, länglich-eiförmig, 10–22 cm lang, 2,5–3,5 cm breit, ungefleckt, gefleckt und gegen den Grund braun gestrichelt. Nach oben folgen 2–3 scheidige Stengelblätter. Blütenstand zylindrisch, 8–18 cm lang, 15–50blütig. Tragblätter zugespitzt, braunrot, etwa so lang wie der Fruchtknoten. Blüten

III
VI

Órchis máscula
subsp. pinetórum (BOISS & KOTSCHY) E. G. CAMUS
Kiefernwald-Unterart

S: *O. pinetorum* BOISS. & KOTSCHY

B: Pflanze schlank, 20–60 cm hoch. Stengel grün, oberwärts braunrot überlaufen, oft hin- und hergebogen. Laubblätter 4–6, 6–15 cm lang, 1,5–5 cm breit, ungefleckt, bisweilen am Grunde braun gestrichelt. Blütenstand zylindrisch, 7–15 cm lang, locker bis dicht, wenig- bis vielblütig. Blüten ziemlich groß, hell- bis dunkelrot. Sepalen

IV
VII

Órchis máscula
subsp. signifera (VEST) SOÓ
Zugespitzte Unterart

S: *O. ovalis* F. W. SCHMIDT, *O. máscula* subsp. *speciosa* HEGI (nom. illeg.)

B: Pflanze 15–55 cm hoch. Stengel grün, am Grunde oft schwarzrot gestrichelt, oberwärts purpurn überlaufen. Laubblätter ungefleckt, am Grunde und auf den Blattscheiden oft schwarzrot gestrichelt. Blütenstand eiförmig bis verlängert, locker, vielblütig. Tragblätter lanzettlich, spitz, purpur-violett, so lang wie der Fruchtknoten. Blüten hell-lila bis dunkelpurpurn. Perigonblätter

mittelgroß, hellrosa, bisweilen purpurviolett. Sepalen länglich-eiförmig, zugespitzt. 10–16 mm lang, die seitlichen vollständig zurückgeschlagen, das mittlere und die Petalen über die Säule gewölbt. Lippe ziemlich flach, im vorderen Drittel 3lappig, im weißlichen Mittelteil punktiert, 8–15 mm lang, 7–18 mm breit, Mittellappen vorgezogen, vorne ausgerandet. Seitenlappen elliptisch. Sporn schlank, aufwärts gebogen, abgestumpft, etwas länger als der Fruchtknoten, 8–21 mm lang.
V: Europa, N-Afrika
Ä: *O. olbiénsis* (längerer Sporn)
BN: l: 25. 5. 85, Kirchheim;
r: 7. 5. 85, Herrenberg (S-Ge.), H.B.

3000
0

stumpf bis zugespitzt, 10–13 mm lang, 4–5 mm breit, die seitlichen sind abstehend bis aufgerichtet oder zurückgeschlagen. Lippe 3lappig, meist konvex gewölbt, nicht oder nur wenig punktiert. Mittellappen meist erheblich vorgezogen. Seitenlappen flach bis herabgeschlagen. Sporn schlank, 12 mm lang, etwa so lang wie der Fruchtknoten, waagrecht bis aufwärts gerichtet.
V: Nordgriechenland, Kleinasien
Ä: subsp. *máscula*
BN: l: 30. 5. 81, Bolu (SW-Tu.);
r: 2. 6. 81, Ercincan (E-Tu.), H.B.

2400
100

länglich-lanzettlich, in eine verbogene, feine und lange Spitze ausgezogen, die seitlichen nach vorne gebogen bis seitlich abstehend. Lippe im oberen Drittel 3lappig, nur wenig punktiert. Seitenlappen schief rechteckig, abstehend, am Rande gezähnelt. Mittellappen schmal, weit vorgezogen, 5–6 mm lang. Sporn zylindrisch, stumpf, waagrecht bis aufwärts gerichtet, etwa so lang wie der Fruchtknoten.
V: Ost- und Südosteuropa, in den Alpen weniger ausgeprägt
Ä: subsp. *mascula*
BN: l: 5. 7. 76, Sarajevo (Ju.);
r: 1. 5. 78, Bassano (N-It.), H.B.

1900
100

IV
VI

Órchis máscula subsp. ichnúsae B. CORRIAS
Sardinische Unterart

S: *O. olbiénsis* subsp. *ichnúsae* (B. CORRIAS) BUTTLER

B: Pflanze niedrig, 15–25, selten bis 35 cm hoch. Laubblätter 3–6, stets ungefleckt. Blütenstand eiförmig-konisch, zuletzt fast zylindrisch, 3–12 cm lang, dicht, 4–25blütig. Blüten (im Vergleich mit der südeuropäischen subsp. *máscula*) relativ klein, sehr hell, rosaviolett, süßlich duftend. Sepalen 9–11 mm lang,

V
VI

Órchis scopulórum SUMMERH.
Felsen-Knabenkraut

S: *O. máscula* subsp. *scopulórum* (SUMMERH.) SUNDERM.

B: Pflanze 40–70 cm hoch. Stengel braunrot, oberwärts rinnig. Laubblätter 3–5, am Grunde rosettig gehäuft, schmal-länglich, 9–16 cm lang, 3–5 cm breit, ungefleckt. Nach oben folgen 3–5 scheidige Stengelblätter. Blütenstand pyramidenförmig-zylindrisch, bis 10 cm lang, ziemlich locker, 8–18blütig. Tragblätter lanzettlich, etwa so lang wie der Fruchtknoten. Blüten groß, lila bis rot. Sepalen eiförmig-länglich, abge-

III
VI

Órchis olbiénsis REUT. ex BARLA
Südfranzösisches Knabenkraut

S: *O. mascula* subsp. *olbiensis* (BARLA) ASCHERS. & GRÄBN.

B: Pflanzen 10–25 cm hoch. Laubblätter 4–8, am Grunde rosettig gehäuft, lanzettlich, zugespitzt, 5–10 cm lang, 1,0–2,0 cm breit, gefleckt oder ungefleckt. Nach oben folgen 2–3 scheidenartige Stengelblätter. Blütenstand zylindrisch, kurz, 5–10 cm lang, mit 10–20 Blüten. Tragblätter häutig, 13–25 mm lang, etwas kürzer als der Fruchtknoten. Blüten mittelgroß, die Farbe schwankt von fast rein weiß bis rot. Seitliche Sepalen 8-12

3,5–4,5 mm breit, stumpf bis spitz, die seitlichen aufgerichtet bis zurückgeschlagen. Lippe flach, abwärts gerichtet, in der Mitte 3lappig, zum größeren Teil weiß, dunkelrot punktiert. Seitenlappen nicht vorgezogen, sondern abstehend, rundlich. Mittellappen ziemlich lang, ausgerandet bis 2lappig. Sporn zylindrisch, aufwärts gerichtet, ziemlich kurz, höchstens so lang wie der Fruchtknoten.
V: Sardinien
Ä: subsp. *máscula, O. olbiénsis*
BN: 25. 4. 87, Villanova (Sa.), H.B.

1200

300

stumpft, 10–13 mm lang, 4 mm breit, die seitlichen schräg abstehend, das mittlere mit den Petalen über die Säule gebogen. Lippe breit elliptisch bis rundlich, flach, im vorderen Drittel 3lappig mit undeutlichen Buchten, am Rande grob gezähnt, 14–33 mm lang, 13–25 mm breit, hellrosa, im Mittelteil dunkel punktiert. Sporn schmal zylindrisch, 6–8 mm lang, waagrecht bis abwärts gerichtet.
V: Madeira (Endemit)
Ä: *O. olbiénsis*
BN: 21. 5. 75, Ribeira Frio (Madeira), H. Sundermann

1800

800

mm lang, 4–6 mm breit, eirund, nicht zugespitzt, vollständig zurückgeschlagen. Das mittlere Sepal neigt sich über die beiden Petalen. Petalen sind 6–8 mm lang, 4–5 mm breit, kaum zugespitzt. Lippe dreigeteilt mit vorgezogenem Mittellappen, Seitenlappen zurückgeschlagen. Lippe mit roten Punkten besetzt, 8–12 mm lang und 11–16 mm breit. Sporn aufwärts gerichtet, 14–19 mm lang, etwa so lang wie der Fruchtknoten, am Ende stumpf.
V: Westmediterran
Ä: *O. máscula* (Sepalen zugespitzt, Blütenstand lang)
BN: 15. 4. 79, Bandol (S-Ga.), H.B.

2000

0

IV
V

Órchis pállens L.
Bleiches Knabenkraut

S: *O. sulphurea* SIM.

B: Pflanze 15–40 cm hoch. Laubblätter 4–6, am Grunde rosettig gehäuft, ungefleckt, glänzend, 6–11 cm lang und 1,5–4 cm breit. Nach oben folgen 1–2 scheidenartige Stengelblätter. Blütenstand 4–7 cm lang mit zahlreichen, mäßig dicht stehenden Blüten. Tragblätter häutig, hellgelb, etwa so lang wie der Fruchtknoten. Blüten relativ groß, hellgelb, ohne jede Zeichnung. Rosa oder rot gefärbte Blüten zeigen einen Hybridisierungseinfluß mit *Órchis máscula* an. Seitliche Sepalen vollständig zu-

III
VI

Órchis provincialis
BALBIS ex DC
Provence-Knabenkraut

S: *O. leucostachys* GRISEB.

B: Pflanze 20–30 cm hoch. Laubblätter 5–8, am Grunde rosettig gehäuft, länglich-lanzettlich, 10–12 cm lang, 1,3–2,0 cm breit, deutlich gefleckt. Nach oben folgen 2–3 scheidenartige Stengelblätter. Blütenstand zylindrisch, 5–7 cm lang, mit 6–12 locker angeordneten Blüten. Tragblätter häutig, etwa so lang wie der Fruchtknoten. Blüten relativ groß, hellgelb gefärbt, der zentrale Teil mit roten Punkten besetzt. Seitliche Se-

III
V

Órchis pauciflóra TEN.
Wenigblütiges Knabenkraut

S: *O. provincialis* subsp. *pauciflora* (TEN.) ARCANG.

B: Pflanzen 10–20 cm hoch. Laubblätter 4–9, am Grunde rosettig gehäuft, länglich-eiförmig, 4–7 cm lang, 0,8–1,5 cm breit, ungefleckt. Nach oben folgen 2–3 scheidenartige Stengelblätter. Blütenstand kurz, 3–5 cm lang, mit nur 2–8 Blüten. Tragblätter häutig, etwas länger als der Fruchtknoten. Blüten relativ groß, hellgelb gefärbt. Der zentrale Teil der Lippe ist dottergelb und besitzt klei-

rückgeschlagen, eirund, nicht zugespitzt, 8–9 mm lang. Petalen 5–6 mm lang und wölben sich mit dem mittleren Sepal über das Säulchen. Lippe dreilappig mit vorgezogenem Mittellappen, flach oder an den Rändern leicht zurückgeschlagen, 6–7 mm lang, 7–8 mm breit. Sporn leicht aufwärts gebogen, am Ende stumpf, 12–14 mm lang etwas länger als der Fruchtknoten. Die Blüten riechen unangenehm.
V: Vorwiegend Mittel- und Hochgebirge von Portugal bis Kaukasus
Ä: Kaum verwechselbar (unangenehmer Duft), *O. provincialis*
BN: 10. 5. 86, Hechingen (S-Ge.), H.B.

2400
0
○ ◑

palen vollständig zurückgeschlagen, 9–14 mm lang, 4–6 mm breit. Das mittlere Sepal und die Petalen bilden einen Helm. Petalen breit eirund, 7–10 mm lang, 4–7 mm breit. Lippe dreigeteilt mit etwas vorgezogenem Mittellappen, von der Seite gesehen schafsnasenartig gewölbt, 8–13 mm lang, 11–18 mm breit, Seitenlappen zurückgeschlagen. Sporn aufwärts gebogen, 13–18 mm lang, etwa so lang wie der Fruchtknoten.
V: Mediterran
Ä: *O. pauciflora* (Blätter ungefleckt), *O. laeta*
BN: 24. 3. 86, Embonas (Rhodos), H.B.

1700
0
○ ◑

ne braune Punkte. Seitliche Sepalen 10–15 mm lang, 6-10 mm breit, vollständig zurückgeschlagen. Das mittlere Sepal und die Petalen bilden einen Helm. Petalen kleiner. Lippe dreigeteilt mit vorgezogenem Mittellappen, 10–15 mm lang, 13–19 mm breit, Seitenlappen zurückgeschlagen. Sporn aufwärts gebogen, 14–25 mm lang, $1^1/_2$mal so lang wie der Fruchtknoten, am Ende stumpf.
V: Zentral- und ostmediterran
Ä: *O. provincialis* (Blätter gefleckt)
BN: l: 20. 4. 81, Racisce (W-Ju.); r: 28. 3. 86, Lasithi (Cr.), H.B.

1800
0
○ ◑

IV/VI

Órchis laxiflóra LAM.
Lockerblütiges Knabenkraut

S: *O. ensifolia* VILL.

B: Pflanze 30–60 cm hoch. Stengel steif aufrecht, etwas hin-und hergebogen, im oberen Teil purpurn überlaufen. Laubblätter 5–8, am Stengel verteilt, keine Rosette bildend, bis 25 cm lang und 1,3–2,0 cm breit, stark gefaltet, ungefleckt, nach oben kleiner werdend, aus breiter Basis zur Spitze verschmälert. Blütenstand langgestreckt, lockerblütig, bis zu 20 cm lang. Tragblätter purpurn überlaufen, die unteren etwas länger als der Fruchtknoten. Blüten re-

IV/VII

Órchis palústris JACQ.
Sumpf-Knabenkraut

S: *O. elegans* HEUFFEL, *O. robusta* (T. STEPH.) GÖLZ & REINHARD

B: Pflanze kräftig, 20–80 cm hoch. Laubblätter 3–5, am Stengel verteilt, aufgerichtet, lineal bis lanzettlich, ungefleckt, gefaltet, 10–40 cm lang, 0,5–5 cm breit, am Grunde scheidig, nach oben kürzer. Blütenstand locker bis dicht, 5–50blütig. Tragblätter lanzettlich, etwa so lang wie der Fruchtknoten. Blüten groß, violettrosa bis dunkelrot, Mittelteil der Lippe heller, dunkelrot

III/VII

Órchis pséudolaxiflóra
CZERNIAK.
Reichblütiges Knabenkraut

S: *O. laxiflora* subsp. *dielsiana* SOÓ

B: Pflanze 35–100 cm hoch. Laubblätter 3–6, lineal bis lanzettlich, ungefleckt, rinnig, 15–25 cm lang, 1,5–2,5 cm breit, am Grunde scheidig, nach oben kürzer. Blütenstand 7–45 cm lang, locker 15–50blütig. Tragblätter lanzettlich, oft rötlich, etwa so lang wie der Fruchtknoten. Blüten dunkelrot bis rotviolett, selten hellrosa. Sepalen eiförmig, länglich, 7–12 mm lang, 3,5–5 mm breit, das mittle-

lativ groß und mit Ausnahme der hellen Lippenmitte violettrot gefärbt. Seitliche Sepalen vollständig zurückgeschlagen, 11–14 mm lang, 5–6 mm breit. Lippe deutlich gelappt, Seitenlappen länger als der Mittellappen und stark nach hinten zurückgeschlagen. Lippe 9–12 mm lang, 14–18 mm breit. Sporn aufwärts gebogen, 12–14 mm lang, etwas kürzer als der Fruchtknoten, am Ende oft geteilt.
V: Atlantisch, mediterran
Ä: *O. dinsmorei, O. pseudolaxiflora*
BN: l: 2. 4. 86, Melambes (Cr.);
r: 25. 3. 86, Laerma (Rhodos), H.B.

1600
0

punktiert. Sepalen länglich-oval, 7–15 mm lang, 3–6 mm breit, das mittlere mit den Petalen einen Helm bildend, die seitlichen zurückgeschlagen. Lippe in Größe und Form variabel, vorne ganzrandig bis 3lappig mit vorgezogenem Mittellappen, flach, 8,5–17 mm lang, 8–24 mm breit. Sporn abwärts, waagrecht oder aufwärts gerichtet, 7–19,5 mm lang, so lang wie oder kürzer als der Fruchtknoten.
V: Mittel-, Süd- und Osteuropa
Ä: *O. pseudolaxiflora* (löst *O. palustris* nach Osten in Kleinasien ab)
BN: 16. 5. 83, San Foca (S-It.), H.B.

1800
0

re mit den kürzeren Petalen einen Helm bildend, die seitlichen zurückgeschlagen. Lippe in Größe und Form variabel, vorne ganzrandig bis 3lappig, ziemlich flach, Seitenlappen etwas herabgeschlagen, 9–20 mm lang, 11–20 mm breit, vom Grunde bis zur Mitte weißlich, mit roten Punkten oder Streifen. Sporn waagrecht bis aufwärts gerichtet, zylindrisch, stumpf, 10–15 mm lang, deutlich kürzer als der Fruchtknoten.
V: Von der mittleren Türkei ostwärts (ersetzt *O. palustris*)
Ä: *O. laxiflora, O. palustris*
BN: 25. 5. 81, Gölbasi (E-Tu.), H.B.

2200
700

II/V

Órchis dinsmórei (Schlechter)
H. BAUMANN & DAFNI
Dinsmores Knabenkraut

S: *O. laxiflora* var. *dinsmorei* SCHLECHTER

B: Pflanze 45–70 cm hoch. Laubblätter 5–8, am Stengel verteilt, unten 18–27 cm lang, 2–3 cm breit, ungefleckt, nach oben folgende Stengelblätter nehmen an Größe ab, Blätter schräg aufwärts gerichtet, rinnig gefaltet. Blütenstand langgestreckt, 13–28 cm lang und trägt 15–35 locker angeordnete Blüten. Blüten rotviolett. Seitliche Sepalen voll-

V/VI

Platanthéra algeriénsis
BATTAND. & TRABUT
Algerische Waldhyazinthe

S: *Pl. chlorantha* subsp. *algeriensis* (BATTAND. & TRABUT) EMBERGER

B: Pflanze 50–70 cm hoch. Stengel kahl, am Grunde mit zwei Laubblättern, nach oben mit 4–6 länglich-lanzettlichen, tragblattartigen Blättern. Laubblätter aufrecht bis etwas abstehend, länglich-elliptisch, 19–30 cm lang, 3,7–4,6 cm breit. Blütenstand zylindrisch, etwa 20 cm lang, ziemlich dicht- und reichblütig. Blüten dem Stengel stark genähert, grün bis grüngelb. Tragblät-

V/VIII

Platanthéra chlorántha
(CUSTER) RCHB.
Grünliche Waldhyazinthe
subsp. chlorántha
Gewöhnliche Unterart

S: *Platanthera montana* auct.

B: Pflanze 20–50 cm hoch. Stengel hellgrün, mit 2 (selten 3–4) grundständigen Laubblättern und 3–5 lanzettlichen, tragblattartigen Stengelblättern. Grundblätter gegenständig, kahl, hellgrün, fettglänzend, länglich bis breiteiförmig, 6–20 cm lang, 2,5–3,5 cm breit. Blütenstand zylindrisch, bis zu 25 cm lang, fast immer locker, reichblütig.

ständig zurückgeschlagen, abgerundet, 9–11 mm lang, 4–5 mm breit, das mittlere Sepal und die Petalen wölben sich über das Säulchen. Tragblätter rotbraun, 20–25 mm lang, so lang wie oder etwas länger als der Fruchtknoten. Lippe fast ganzrandig, die seitlichen Ränder sind stark nach rückwärts geschlagen, klein, 7–8 mm lang, 10–13 mm breit, Basis hell mit dunklen Punkten und Strichen. Sporn schwach bogig aufwärts gerichtet, 10–13 mm lang.

V: Israel, Südtürkei

Ä: *O. laxiflora* (Blüten größer)

BN: 20. 3. 78, Jordan-Tal (Pa.), H.B.

1000

0

○

ter ziemlich groß, die unteren etwas länger als die Blüten. Seitliche Sepalen abstehend, 8–10 mm lang, 4–4,5 mm breit. Mittleres Sepal mit den Petalen zusammenneigend, eiförmig, sehr stumpf. Lippe zungenförmig, stumpf, herabhängend bis zurückgeschlagen, 8,5–12,0 mm lang, 2,3–3,4 mm breit. Sporn waagrecht, fadenförmig, an der Spitze etwas verdickt, 18–24 mm lang, 1,4–2,1 mm breit. Staubbeutelfächer nach unten stark auseinandergespreizt.

V: Nordafrika, Südspanien

Ä: *Pl. chlorantha*

BN: 5. 6. 80, Sierra Nevada (S-Hs.), H.B.

2100

1400

○

Tragblätter lanzettlich, zugespitzt, anfangs etwa so lang wie die Blüten, später noch auswachsend. Blüten ziemlich groß, weißlichgrün. Seitliche Sepalen schief eiförmig, abstehend, stumpflich bis etwas zugespitzt, 9–12 mm lang, 5–6 mm breit. Mittleres Sepal mit den Petalen zusammenneigend, herzförmig, stumpf. Lippe linealisch, nach abwärts gerichtet, stumpf, an der Spitze grünlich, 11–18 mm lang, 3–4 mm breit. Sporn waagrecht, fadenförmig, grünlich, 2–4 cm lang. Staubbeutelfächer nach unten auseinanderspreizend.

V: Europa (in Randgebieten fehlend)

Ä: Übrige *Platanthera*-Arten

BN: 25. 5. 85, Wertheim (S-Ge.), H.B.

2300

0

○ ◑ ●

IV
VI

Platanthéra chlorántha subsp. hólmboei
(H. LINDB.) J. J. WOOD
Holmboes Unterart

S: *Platanthera holmboei* H. LINDB.

B: Pflanze 15–40 cm hoch. Stengel kahl, oben rinnig, verbogen. Laubblätter 1–4, breit länglich-elliptisch oder eiförmig, 6–18 cm lang, 2–5 cm breit, den Stengel scheidig umfassend, am Grunde angeordnet. Blütenstand locker, mit bis zu 25 hell gelbgrünen Blüten. Tragblätter lanzettlich, die unteren länger als der Fruchtknoten. Seitliche Sepalen läng-

V
VIII

Platanthéra bifólia (L.) RICH.
Zweiblättrige Waldhyazinthe

S: *Pl. montana* (non auct.), *Pl. solstitialis* DREJER

B: Pflanze 15–50 cm hoch. Stengel hell gelbgrün, mit 2 (selten 3–4) grundständigen Laubblättern und 3–5 lanzettlichen, tragblattartigen Stengelblättern. Grundblätter gegenständig, kahl, hellgrün, glänzend, oval bis länglich, 7–25 cm lang, 2–5 cm breit. Blütenstand zylindrisch, bis zu 25 cm lang, meist locker, reichblütig. Tragblätter lanzettlich, gelblichgrün, etwa so lang wie der Fruchtknoten. Blüten weiß oder weiß-

IV
VII

Platanthéra kúenkelei
H. BAUMANN
Künkeles Waldhyazinthe

B: Pflanze hochwüchsig, 45–90 cm hoch. Stengel kahl, oberwärts etwas hin und her gebogen, rinnig. Grundständige Laubblätter 2, lanzettlich eiförmig, fast gegenständig, ziemlich lang, bis 30 cm, 6–7 cm breit. Stengelblätter 5, lanzettlich, tragblattartig. Blütenstand zylindrisch, verlängert, 25 cm lang, locker, ziemlich reichblütig (15–80 Blüten). Tragblätter lanzettlich, etwa so lang wie

lich-eiförmig, 7–10 mm lang, 3–4 mm breit, die seitlichen abstehend. Petalen schmal-lanzettlich, 5–7 mm lang, 1–2 mm breit, mit dem dreieckigen, am Grunde eingeschnürten mittleren Sepal helmförmig zusammenneigend. Lippe lineal, stumpf, 7–10 mm lang, 1,5–3 mm breit, grün, herabhängend. Sporn fadenförmig, 15–30 mm lang, am Ende zugespitzt, waagrecht abstehend, grünlich. Staubbeutelfächer nach unten auseinanderspreizend.
V: Zypern, Israel
Ä: *Pl. algeriensis, Pl. chlorantha*
BN: 10. 6. 85, Troodos (Cyp.), H.B.

2000

300

lich-grünlich. Seitliche Sepalen lanzettlich, 8–10 mm lang, 4–5 mm breit, stumpf, abstehend. Mittleres Sepal mit den Petalen zusammenneigend, eiförmig-dreieckig, stumpf. Lippe zungenförmig, nach abwärts gerichtet, stumpf, an der Spitze grünlich, 8–15 mm lang, 1,5–3 mm breit. Sporn fadenförmig waagrecht, 1,3–4,0 cm lang. Staubbeutelfächer parallel verlaufend, zumeist einander stark genähert.
V: Europa (im Mittelmeergebiet selten bis fehlend)
Ä: Übrige *Platanthera*-Arten
BN: 10. 6. 87, Balingen (S-Ge.), H.B.

2500

0

der Fruchtknoten. Blüten weiß, zierlich, angenehm duftend. Seitliche Sepalen abstehend, schief-lanzettlich, 9–10 mm lang, 3–4 mm breit, dreinervig. Mittleres Sepal mit den Petalen zusammenneigend, eiförmig bis dreieckig, Lippe lineal-zungenförmig, stumpf, herabgeschlagen, weißgelblich, 11–13 mm lang, 2 mm breit. Sporn fadenförmig, spitz, 22–27 mm lang, 1 mm breit. Staubbeutelfächer parallel angeordnet.
V: Nordalgerien, Nordwesttunesien
Ä: *Pl. bifolia*
BN: 25. 5. 82, La Calle (NE-Ag), H.B.

1300

0

VI/VII

Platanthéra azórica SCHLECHTER
Azoren-Waldhyazinthe

S: *Habenaria longibracteata* HOCHST. ex SEUB.

B: Pflanze 25–40 cm hoch. Stengel kahl, leicht gebogen. Grundblätter 2, das obere den Stengel umhüllend, breit-eiförmig, 15–17 cm lang, 3–4 cm breit, hellgrün, nach oben folgen 3–4 Stengelblätter und 2–3 kleine lanzettliche Blätter. Blütenstand zylindrisch, 8–10 cm lang, vielblütig. Blüten klein,

V/VII

Platanthéra micrántha (HOCHST. ex SEUB.) SCHLECHTER
Kleinblütige Waldhyazinthe

S: *Habenaria micrantha* HOCHST. ex SEUB.

B: Pflanze 12–50 cm hoch. Stengel kahl. Grundblätter 2, länglich-eiförmig, 6–23 cm lang, 1,8–5 cm breit, grün, nach oben folgen 2–3 breit-eiförmige und 1–2 lanzettliche Stengelblätter. Blütenstand schmal zylindrisch, 5–10 cm lang, dicht, vielblütig. Blüten klein, gelbgrünlich. Seitliche Sepalen eiförmig,

VI/IX

Platanthéra hyperbórea (L.) LINDL.
Nordische Waldhyazinthe

S: *Limnorchis hyperborea* (L.) RYDB.

B: Pflanze 10–40 cm hoch. Stengel kahl, kantig. Laubblätter 5–6, am Stengel verteilt. Unterstes Blatt breit, die folgenden 3–4 aufgerichtet bis schräg abstehend, länglich bis lineal-lanzettlich, 5–15 cm lang, 1–3 cm breit, die obersten 1–2 tragblattähnlich. Tragblätter lanzettlich, bis 3 cm lang, 5 mm breit. Blütenstand zylindrisch, 3–9 cm lang, dicht- und reichblütig. Blüten klein,

weißlich. Seitliche Sepalen länglich-eiförmig, 4 mm lang, nach unten geschlagen. Mittleres Sepal eiförmig, 3 mm lang, mit den dreieckigen Petalen einen Helm bildend. Lippe zungenförmig, 3–3,5 mm lang, vorne nach oben aufgebogen. Sporn dünn, 7–8 mm lang, nach unten bogig gerichtet, etwa so lang wie der Fruchtknoten.
V: Azoren
Ä: *Pl. micrantha*
BN: Sonderheft „Die Orchidee“ (1977), G. Frey

1000
500

2,5–4 mm lang, seitlich ausgebreitet. Mittleres Sepal breit-eiförmig, 2–3 mm lang, mit den dreieckigen Petalen einen nach vorne gebeugten Helm bildend. Lippe breit zungenförmig, 3 mm lang, 2,3 mm breit, abwärts gerichtet. Sporn kurz, zylindrisch, 2–3 mm lang, abwärts gerichtet. Pollenfächer nach unten auseinanderspreizend.
V: Azoren
Ä: *Pl. azorica*
BN: Az., K. Robatsch

1400
200

grünlich, süß duftend. Perigonblätter 3–6 mm lang, 1–3 mm breit, eiförmig-lanzettlich, abgestumpft. Seitliche Sepalen abstehend bis schräg nach unten gerichtet. Mittleres Sepal mit den Petalen einen Helm bildend. Lippe breit lanzettlich, stumpf, 4–7 mm lang, 1,5–3 mm breit, meist herabhängend. Sporn zylindrisch, stumpf, bogig, 3,5–4,5 mm lang, kürzer als Fruchtknoten. Staubbeutelfächer unten auseinanderspreizend.
V: Island, Grönland (Küstenzone)
Ä: *Pl. bifolia, Pl. chlorantha*
BN: l: 18. 7. 70, Akuregri (Is);
r: 14. 7. 70, Gullfoss (Is) M. Lenz

3000
0

V
VIII

Pseudórchis álbida (L.) A. & D. LÖVE
Weißliche Höswurz

S: *Leucorchis albida* (L.) E. MEY., *Ps. straminea* (FERNALD) SOÓ, *Gymnadenia albida* (L.) RICH.

B: Pflanze 10–40 cm hoch. Stengel steif. Laubblätter am Stengel verteilt, 4–6, die unteren länglich-lanzettlich, 2,5–8 cm lang, 1–1,5 cm breit, die oberen kleiner, lanzettlich. Blütenstand schmal-zylindrisch, 2–10 cm lang, dicht- und vielblütig. Tragblätter lanzettlich, zugespitzt, dreinervig. Blüten klein, nickend, dem

VI
VIII

Pseudórchis friváldii (HAMPE ex GRISEB.) P. F. HUNT
Frivaldis Höswurz

S: *Leucorchis frivaldii* (HAMPE ex GRISEB.) SCHLECHTER, *Gymnadenia frivaldii* HAMPE ex GRISEB.

B: Pflanze 12–30 cm hoch. Stengel kahl, rinnig. Laubblätter am Stengel verteilt, 3–5. Die unteren 2–3 zungenförmig, kurz zugespitzt, bis 9 cm lang, 6–14 mm breit, aufrecht bis etwas abstehend. Die oberen 1–2 tragblattartig. Blütenstand kurz, eiförmig, 2–4 cm lang, dichtblütig. Tragblätter lanzettlich zugespitzt, ein-

III
IV

Serápias iónica E. NELSON ex H. BAUMANN & KÜNKELE
Ionischer Zungenständel

B: Pflanze auffallend niedrig, 7–15 cm hoch. Stengel grün, oberwärts bisweilen rot überlaufen. Laubblätter 4–7, lanzettlich, 4–9 cm lang, 0,7–1,5 cm breit, bläulichgrün, die untersten seitlich abstehend, meist stark gebogen, rinnig gefaltet, oberwärts 1–2 tragblattartige Stengelblätter, meist violett überlaufen. Blütenstand kurz, eiförmig, 3–7 cm lang, dicht, mit 2–13 Blüten. Tragblätter länglich-eiförmig, 25–41 mm lang, 11–16 mm breit, rotviolett. Perigonblätter helmförmig, 20–26 mm lang, hellgrau-

Stengel anliegend, weißlich bis gelblichweiß. Perigonblätter zu einem glokkigen Helm zusammenneigend, 2–3 mm lang. Sepalen eiförmig, Petalen kürzer. Lippe gelbgrün, 3lappig, 2,6 mm lang, 1,7 mm breit. Seitenlappen lineal-lanzettlich, zugespitzt. Mittellappen zungenförmig, zumeist länger. Sporn zylindrisch, gelblich, 2–2,5 mm lang, 1 mm breit, abwärts gerichtet.
V: Europäische Gebirge, Nordeuropa
Ä: *P. frivaldii*
BN: l: 15. 7. 86, Feldberg (S-Ge.);
r: 22. 7. 87, Katschberg (Au.), H.B.

2700

400

○

nervig, am Rande rötlich, die unteren länger als der Fruchtknoten. Blüten klein, vom Stengel abstehend, weiß-rosa angehaucht bis hellrosa. Perigonblätter 3–4 mm lang. Sepalen länglich, stumpf, die seitlichen schräg abstehend. Petalen schief-eiförmig, stumpf. Lippe rosa, ungeteilt bis leicht dreilappig, dreieckig, 4 mm lang, 3–3,5 mm breit, die Spitze nach abwärts gebogen. Sporn schmal-zylindrisch, 1,7 mm lang, 0,5 mm breit, leicht gekrümmt.
V: Südbalkan
Ä: *P. albida*
BN: 15. 6. 87, Kastoria (N-Gr.), H.B.

2300

1000

○

rotviolett, waagerecht bis leicht aufwärts gerichtet. Vorderlippe hellocker bis rostbraun, länglich herzförmig, 16–26 mm lang, 10–15 mm breit, am Rande oft gewellt und aufwärts gebogen, abwärts bis vorwärts gerichtet. Hinterlippe weißlichgelb, Seitenlappen wenig aus dem Sepalhelm hervortretend, dunkelviolett, bis zur Mitte der Vorderlippe dicht weißlich behaart. Schwielen parallel, dunkelocker.
V: Ionische und adriatische Inseln
Ä: *Serapias orientalis*
BN: l: 4. 4. 85, Xirocastello (Zakynthos), H. Läpple;
r: 10. 4. 83, Lixourion (Kefallinia), H.B.

400

0

○ ◑

III
V

Serápias orientális (GREUTER) H. BAUMANN & KÜNKELE
Orientalischer Zungenständel

S: *S. vomeracea* subsp. *orientalis* GREUTER

B: Pflanze 10–30 cm hoch. Stengel grün, abwärts rötlichviolett überlaufen. Laubblätter 4–6, bläulich- bis gelblichgrün, breit-lanzettlich, aufrecht bis abstehend, die unteren oft zurückgebogen, die obersten 1–2 tragblattartig, rotviolett bis bräunlich überlaufen. Blütenstand kurz, eiförmig, gedrängt, 3- bis 6blütig. Blüten ziemlich groß. Tragblätter breit-eiförmig, zugespitzt, 40–52 mm lang, 18–25 mm breit, bläulichvio-

III
VI

Serápias vomerácea (N. L. BURM.) BRIQ.
Pflugschar-Zungenständel

S: *S. pseudocordigera* (SEBAST.) MORIC., *S. longipetala* (TEN.) POLLINI, *S. cordigera* subsp. *vomeracea* (N. L. BURM.) SUNDERM.

B: Pflanze 20–60 cm hoch. Stengel hellgrün, oben rotbraun überlaufen. Laubblätter 4–7, aus scheidigem Grunde lineal-lanzettich, spitz, 6–19 cm lang, 0,5–1,5 cm breit, bläulichgrün, aufrecht-abstehend bis überhängend, die obersten 1–2 tragblattartig. Blütenstand verlängert, locker, 3–10blütig. Tragblätter

III
VI

Serápias cordígera L.
Herzförmiger Zungenständel

S: *S. azorica* SCHLECHTER

B: Pflanze 20–35 cm hoch. Stengel grünlich, mit den Blattscheiden im unteren Teil rotbraun gestreift, oberwärts bisweilen purpurn überlaufen. Laubblätter 5–9, bläulichgrün, linealisch bis breit-lanzettlich, spitz, rinnig, die untersten aufgerichtet bis überhängend, nach oben tragblattartig werdend. Blütenstand kurz, eiförmig, dicht 2- bis 10blütig. Blüten ziemlich groß. Tragblätter eiförmig-lanzettlich bis elliptisch, zugespitzt, hellrotviolett, meist kürzer als

lett bis silbrighellgrün. Perigonblätter helmförmig, 20–32 mm lang, lanzettlich, zugespitzt, grau bis purpurviolett, waagerecht bis leicht aufwärts gerichtet. Vorderlippe ockerfarben, gelblichgrün, bräunlichrötlich, dunkelpurpurn, breit-lanzettlich bis herzförmig, 14–30 mm lang, 11–13 mm breit, herabhängend bis leicht zurückgekrümmt. Seitenlappen der Hinterlippe aus dem Helm hervortretend. Lippe bis zur Mitte der Vorderlippe dicht und lang behaart. 2 parallele Schwielen, gelblichrötlich.
V: Süditalien bis Westtürkei
Ä: *S. ionica*
BN: 1. 4. 86, Kato Simi (S-Cr.), H.B.

1000
0

lanzettlich zugespitzt, rötlichviolett, den steil aufgerichteten Sepalhelm deutlich überragend. Sepalen lanzettlich, zugespitzt, 20–28 mm lang, 6–8,5 mm breit, außen trüb graublauviolett. Hinterlippe 12–17 mm lang, 18–24 mm breit, dunkelpurpurn, Seitenlappen fast ganz im Helm verborgen. Vorderlippe lanzettlich, 20–28 mm lang, 8–13 mm breit, herabhängend, hell-rotbraun bis bräunlichviolett, bis zur Mitte dicht behaart. 2 rosaviolette, parallele Schwielen.
V: Von Portugal bis Griechenland
Ä: *S. bergonii*
BN: 2. 5. 87, La Motte (S-Ga.), H.B.

1200
0

die Blüten. Perigonblätter helmförmig, 20–35 mm lang, hell aschgrau, leicht schräg aufwärts bis waagrecht. Vorderlippe dunkelrot bis schwarzpurpurn, am Grunde herzförmig, zugespitzt, 18–28 mm lang, 18–25 mm breit, am Rande oft gewellt, abwärts bis vorwärts gerichtet. Seitenlappen der Hinterlippe wenig aus dem Sepalhelm hervortretend. Vom Grunde bis zur Mitte der Vorderlippe dicht dunkelpurpurn behaart. Schwielen parallel, nach vorne auseinanderlaufend, glänzend, schwarzpurpurn.
V: Mediterran
Ä: *S. neglecta*
BN: 18. 4. 87, Bonifacio (S-Co.), H.B.

1000
0

III
V

Serápias neglécta DE NOT.
Verkannter Zungenständel

S: *S. cordigera* subsp. *neglecta* (DE NOT.) K. RICHT.

B: Pflanze mittelhoch, 10–30 cm hoch. Stengel grün bis gelbbraun, oberwärts bisweilen violett überlaufen, ungefleckt. Laubblätter 4–8, breit-lanzettlich, bläulichgrün, die untersten stark gebogen, nach oben 1–2 tragblattartige. Blütenstand kurz, büschelig, 4–7,5 cm lang, gedrängt, mit 2–8 Blüten. Blüten ziemlich groß. Tragblätter breit-lanzettlich, etwa so lang wie die Blüten, 27–42 mm

III
V

Serápias bergónii E. G. CAMUS
Bergons Zungenständel

S: *S. laxiflora* CHAUB., *S. vomeracea* subsp. *laxiflora* (SOÓ) GÖLZ und REINHARD

B: Pflanze 15–50 cm hoch. Stengel grün, oben meist rötlich überlaufen. Laubblätter 6–9, aus scheidigem Grunde lanzettlich, 6–14 cm lang, 1–1,5 cm breit, bläulichgrün, rinnig, abstehend bis überhängend, die obersten 1–2 tragblattartig. Blütenstand anfangs dicht, in Vollblüte 7–20 cm lang, locker, 4–20blütig. Blüten mittelgroß. Tragblätter lanzettlich, purpurviolett, die unter-

IV
V

Serápias núrrica B. CORRIAS
Sardischer Zungenständel

B: Pflanze 20–35 cm hoch. Stengel grün, oberwärts rotviolett überlaufen. Laubblätter 5–7, lineal-lanzettlich, 10–18 cm lang, abstehend, grün, am Grunde rot punktiert. Blütenstand kurz, dicht, 5–8blütig. Blüten mittelgroß. Tragblätter breit-lanzettlich, zugespitzt, um $^{1}/_{3}$ kürzer als die Spitze des steil aufgerichteten Sepalhelms. Perigonblätter helmförmig. Sepalen lanzettlich, 23–26 mm lang, 5–7 mm breit, außen mattlila, innen braunrot geadert. Vorderlippe im Zentrum braunrot, Rand mattlila, eiför-

lang, 10–16 mm breit, grün, meist violett überlaufen. Perigonblätter helmförmig, 21–27 mm lang, grauviolett bis grünlich, waagerecht bis leicht aufwärts gerichtet. Vorderlippe ockergelb, orangebraun, breit-herzförmig, 20–30 mm lang, 15–21 mm breit, Seitenlappen der Hinterlippe weit aus dem Sepalhelm hervortretend, hellrosa bis bräunlichrot, bis zur Mitte der Vorderlippe dicht und lang weißlich behaart. Schwielen parallel, hellpurpurn.
V: Zentralmediterran
Ä: *S. cordigera*
BN: 30. 4. 87, Genua (NW-It.), H.B.

600
0

sten den schräg aufgerichteten Sepalhelm meist überragend. Sepalen lanzettlich, zugespitzt, 18–24 mm lang, 4–5,5 mm breit, außen trübrosa bis purpurviolett. Hinterlippe 10–13 mm lang, 11,5–14,5 mm breit, elliptisch, Seitenlappen fast ganz im Sepalhelm, schwarzpurpurn. Vorderlippe lanzettlich, 13,3–18 mm lang, 4–7,5 mm breit, herabhängend bis zurückgeschlagen, bräunlich bis rotbraun, fast kahl.
V: Von Süditalien bis Westtürkei
Ä: *S. vomeracea* (Lippe breiter und länger)
BN: 4. 4. 84, Ormidia (SE-Cyp.), H.B.

1500
0

mig-lanzettlich, 14–18 mm lang, 7–10 mm breit, schräg bis steil abwärts gerichtet, am Grunde mäßig behaart. Hinterlippe 11–13 mm lang, 15–18 mm breit, Seitenlappen aufgerichtet, mattlila, im Sepalhelm eingeschlossen. Am Grunde der Lippe 2 Schwielen, dunkelrot, nach vorne spreizend, von außen nicht sichtbar.
V: Sardinien
Ä: Kaum verwechselbar (Rand der Lippe)
BN: l: 10. 5. 87, La Maddalena (Sa.), H. Daiss;
r: 12. 5. 87, Porto Ferro (Sa.), H.B.

200
0

IV
V

Serápias ólbia VERGUIN
Südfranzösischer Zungenständel

S: *S. gregaria* GODF., *S. cordigera* subsp. *olbia* (VERGUIN) SUNDERM.

B: Pflanze 10–30 cm hoch, zumeist gruppenweise gleich aussehend. Stengel hellgrün, bisweilen am Grunde purpurn gestrichelt, oberwärts rotviolett überlaufen. Laubblätter 5–7, dunkelgrün, lineal-lanzettlich, die unteren seitlich abstehend, gebogen, die höheren dem Stengel anliegend. Blütenstand kurz, gedrängt, 2- bis 4blütig. Tragblätter breit-lanzettlich, hell rotviolett, meist

III
V

Serápias parviflóra PARL.
Kleinblütiger Zungenständel

S: *S. occultata* J. GAY ex CAVALIER, *S. elongata* TOD.

B: Pflanze 15–30 cm hoch. Stengel hellgrün, unten purpurn gestrichelt. Laubblätter 4–5, hell bläulichgrün, linealisch-lanzettlich, die unteren abstehend bis überhängend, die mittleren steil aufwärts gerichtet, häufig den Grund des Blütenstandes erreichend. Blütenstand verlängert, anfangs gedrängt, später locker, 3- bis 10blütig. Blüten klein, autogam, Fruchtknoten bereits im Knospenstadium deutlich ange-

III
VI

Serápias língua L.
Echter Zungenständel

S: *S. hirsuta* LAPEYR., *S. excavata* SCHLECHTER, *S. stenopetala* MAIRE & T. STEPHENSON

B: Pflanze 10–35 cm hoch, zumeist gruppenweise gleich aussehend. Stengel hellgrün, bisweilen purpurn angelaufen. Laubblätter 4–8, bläulichgrün, lanzettlich spitz, die unteren abstehend, die folgenden meist aufgerichtet, die obersten 1–2 tragblattartig. Blütenstand 2- bis 6blütig. Tragblätter eiförmig bis eiförmig-lanzettlich, spitz, meist grauviolett bis rötlich, etwa so lang wie die Blüten. Perigonblätter helmförmig, 15–

kürzer als die Helmspitze. Perigonblätter helmförmig, 20–25 mm lang, hell aschgrau bis weißlich, vorwiegend waagrecht bis leicht aufgerichtet. Vorderlippe dunkelpurpurn, schmal-lanzettlich, 14–16 mm lang, 6–8 mm breit, herabhängend bis stark zurückgekrümmt. Seitenlappen der Hinterlippe fast ganz im Sepalhelm. Lippe bis über die Mitte dicht behaart. 2 parallele, engstehende Schwielen, glänzend, schwärzlich, von außen nicht sichtbar.
V: Südfrankreich
Ä: *S. lingua* (1 Basalschwiele)
BN: 14. 4. 87, Le Lavandou (S–Ga.), H.B.

200
0

schwollen. Tragblätter breit-lanzettlich, grün, purpurn überlaufen, kürzer als der Sepalhelm. Perigonblätter helmförmig, 13–18 mm lang, hellgrau-grünlich bis rötlichviolett, schräg aufwärts gerichtet. Vorderlippe braunrötlich, schmal-lanzettlich, sehr kurz, 5–10 mm lang, 3–5 mm breit, stark zurückgeschlagen. Seitenlappen der Hinterlippe kaum aus dem Sepalhelm hervortretend. Schwach behaart bis fast kahl. 2 parallele Schwielen, braunrot.
V: Mediterran
Ä: *S. bergonii, S. olbia*
BN: 22. 4. 87, Stintino (Sa.), H.B.

1200
0

25 mm lang, hellgrauviolett, purpurviolett, seltener weißlich, vorwiegend waagrecht abstehend. Vorderlippe rötlich, hellrosa, gelblich oder weißlich, aus leicht verschmälertem Grunde schmal- bis breit-lanzettlich, zugespitzt, 10–18 mm lang, 5–10 mm breit, zumeist vorwärts bis leicht abwärts gerichtet. Seitenlappen der Hinterlippe nur leicht aus dem Helm hervortretend. Lippe schwach behaart. Eine Schwiele, von außen sichtbar, länglich bis geigenförmig, schwärzlich, glänzend.
V: Mediterran
Ä: *S. olbia* (2 Schwielen)
BN: l: 19. 4. 87, Bonifacio (S-Co.); r: 16. 4. 84, Grosseto (W-It.), H.B.

2000
0

VII
XI

Spiránthes spirális (L.) CHEVALL.
Herbst-Drehwurz

S: *Sp. autumnalis* RICH.

B: Pflanze zierlich, 6–35 cm hoch. Stengel steht neben der jungen Blattrosette, aufrecht oder etwas gebogen, bläulichgrün, mit 3–7 lanzettlichen Blattschuppen, oberwärts drüsig behaart. Laubblätter grundständig, 3–6, rosettenartig angeordnet, eiförmig, 2–3,5 cm lang, breitgestielt, bläulichgrün. Blütenstand schmal, 3–14 cm lang, dicht- und reichblütig (6–20 Blüten), spiralförmig angeordnet, bisweilen einseitswendig. Blü-

VI
VIII

Spiránthes aestivális (POIR.) RICH.
Sommer-Drehwurz

S: *Ophrys aestivalis* POIR.

B: Pflanze schlank, 10–40 cm hoch. Stengel meist etwas hin und her gebogen, vom Grunde beblättert, oberwärts drüsig behaart. Untere Laubblätter aus scheidigem Grunde lineal-lanzettlich, 5–12 cm lang, 4–9 mm breit, rinnig, aufrecht bis schräg abstehend, gelblichgrün, die untersten einander genähert, die obersten kleiner, tragblattartig, entfernt stehend. Blütenstand schmal, 3–10 cm lang, dicht- und reichblütig (6–20

VII
VIII

Spiránthes romanzoffiána CHAM.
Irische Drehwurz

S: *Sp. gemmipara* (SM.) LINDL., *Sp. stricta* (RYDB.) A. NELSON

B: Pflanze 10–15 cm hoch. Stengel unten kahl, oben drüsig, gelblich, vom Grunde an beblättert. Laubblätter 5–6, vorwiegend grundständig, lineal-lanzettlich, 7–25 cm lang, bis 1,5 cm breit, gelblichgrün, aufrecht, die oberen tragblattähnlich. Blütenstand zylindrisch, 3–8 cm lang, dicht, 15–60blütig. Blüten

ten klein, weiß bis grünlichweiß. Tragblätter eiförmig bis lanzettlich, zugespitzt, an den Rändern weißlich, außen drüsig behaart, länger als der Fruchtknoten. Perigonblätter länglich, 6–7 mm lang, weiß, die 3 oberen bilden zusammen mit der Lippe eine waagrechte Röhre, seitliche Sepalen abstehend. Lippe länglich, 6–7 mm lang, 4 mm breit, am Rande wellig bis gekerbt, gelblich grün, ohne Sporn.
V: Süd- und Mitteleuropa, Kleinasien
Ä: *Sp. aestivalis*
BN: 15. 8. 85, Aich (S-Ge.), H.B.

1500
0

Blüten), spiralförmig angeordnet. Blüten klein, weiß. Tragblätter lanzettlich, zugespitzt, außen drüsig behaart, länger als der Fruchtknoten, 6–9 mm lang. Perigonblätter lanzettlich, 5–7 mm lang, weiß, anfangs zusammen mit der Lippe eine waagrechte Röhre bildend, seitliche Sepalen zuletzt abstehend. Lippe länglich-eiförmig, 6–7 mm lang, weißlich, in der Mitte grün, nach vorne kreisförmig verbreitert, am Rande gekerbt, ohne Sporn.
V: Westmediterran, Mitteleuropa
Ä: Übrige *Spiranthes*-Arten
BN: 22. 8. 87, Waldburg (S-Ge.), H.B.

1800
0

klein, weißlich bis cremefarbig, in 3 spiraligen Reihen angeordnet. Tragblätter lanzettlich, 10–20 mm lang, außen drüsig behaart. Perigonblätter lanzettlich, 8–13 mm lang, 3–4 mm breit, bilden mit Lippe eine bis zur Hälfte geschlossene Röhre, außen fein behaart. Lippe geigenförmig, vorne gekerbt, 8–11 mm lang, 5 mm breit, Vorderteil nach unten gekrümmt. Ohne Sporn.
V: Westseite der Brit. Inseln
Ä: *Goodyera repens*
BN: 15. 8. 87, Acharacle (Br.), R. Hansen

2500
0

IV
VI

Steveniélla satyrioídes
(SPRENG.) SCHLECHTER
Kappenwurz

B: Pflanze 15–60 cm hoch. Stengel am Grunde mit 1 Laubblatt und 2–3 scheidenförmigen Stengelblättern. Laubblatt groß, 10–20 cm lang, 2,5–6,5 cm breit, lanzettlich bis zungenförmig, abstehend, gegen die Basis schmäler, stengelumfassend, dunkel-olivgrün, rot überlaufen oder gestreift. Blütenstand zylindrisch, bis zu 18 cm lang, etwas locker, 7- bis 20blütig. Blüten an den Stengel gedrückt. Tragblätter 4–14

V
VIII

Traunsteinéra globósa (L.)
RCHB.
Rosa Kugel-Knabenkraut

S: *Orchis globosa* L.

B: Pflanze schlank, 20–70 cm. Stengel kahl, gelblichgrün. Laubblätter blaugrün, am Stengel verteilt. Untere 2–3 Blätter länglich-lanzettlich, 5,5–11 cm lang, 1,5–3 cm breit, spitz oder zugespitzt, ziemlich aufrecht, am Grunde langscheidig, ungefleckt. Oberwärts 1–2 kleine, lineale, zugespitzte Blätter. Blütenstand anfangs pyramidal, später eiförmig bis rund, 1,2–4 cm lang, 1,4–2,7 cm breit, dicht- und vielblütig. Blüten klein, rosa, selten weiß. Tragblätter

VI
VII

Traunsteinéra sphaérica
(M.-BIEB.) SCHLECHTER
Gelbes Kugel-Knabenkraut

S: *Orchis sphaerica* M.-BIEB.

B: Pflanze 25–65 cm hoch. Stengel leicht hin und her gebogen, kahl, gelblichgrün. Laubblätter am mittleren und oberen Teil des Stengels verteilt, aufrecht bis schräg abstehend, länglich-lanzettlich, 5–13 cm lang, 0,6–2,5 cm breit, kurz zugespitzt, am Grunde lang scheidig, bläulichgrün, ungefleckt. Blütenstand eiförmig-rund, 1,5–4,5 cm lang, 1,7–3,2 cm breit, dicht- und vielblütig. Blüten klein, gelblichgrün. Tragblätter grün, lanzettlich. Perigonblätter

mm lang, lanzettlich, zugespitzt, etwa so lang wie der Fruchtknoten. Perigonblätter einen geschlossenen, 8–10 mm langen Helm bildend, außen schmutzig grünlichrot, innen gelblichgrün. Lippe im oberen Teil dreilappig, 8–10 mm lang, oliv- oder gelblichgrün, am Grunde rot getönt, Mittellappen zungenförmig, bis zu 6 mm lang, Seitenlappen klein, rundlich. Sporn breit konisch, 3–4 mm lang, am Grunde 4 mm breit, an der Spitze meist deutlich zweigeteilt.
V: Krim, Kaukasus, Nordtürkei
Ä: Unverwechselbar!
BN: 1. 6. 81, Bolu (NW-Tu.), H.B.

2100
0

schmal-lanzettlich, zugespitzt, grün, am Rande purpurn bis violett. Perigonblätter anfangs helmförmig zusammenneigend, später glockig abstehend-lanzettlich, lang zugespitzt, fadenförmig verlängert, an der Spitze deutlich verdickt. Seitliche Sepalen 6 mm lang, Petalen deutlich kürzer, dreinervig. Lippe breit dreilappig, 5–8 mm lang, 4 mm breit, mit dunkelroten Flecken. Seitenlappen rhombisch, am Rande gezähnelt. Mittellappen länglich, nach vorne zuweilen mit einem kleinen Anhängsel. Sporn dünn, 3 mm lang.
V: Europäische Gebirge
Ä: *T. sphaerica*
BN: 2. 7. 87, Pfullingen (S-Ge.), H.B.

2700
400

eiförmig-lanzettlich, lang zugespitzt, fadenförmig verlängert, an der Spitze deutlich verdickt, anfangs helmförmig zusammenneigend, später glockig abstehend. Sepalen dreinervig, 7–8 mm lang. Petalen etwas kürzer. Lippe breit dreilappig, ohne Punkte, 6–7 mm lang, 7,5 mm breit. Seitenlappen schräg abwärts spreizend, rhombisch länglich, am Rande gezähnelt. Mittellappen zungenförmig, 4 mm lang, an der Spitze fadenförmig verlängert, 1,25–1,5 mm lang. Sporn konisch, 3–5 mm lang.
V: Nordtürkei, Kaukasus
Ä: *T. globosa*
BN: l: 10. 7. 78, Rice (NE-Tu.);
r: 18. 7. 82, Giresun (N-Tu.), H.B.

2600
1600

Verzeichnis der wissenschaftlichen und deutschen Namen

Die **halbfetten** Seitenzahlen verweisen auf die Beschreibung

E

L

M

N

O

P

R

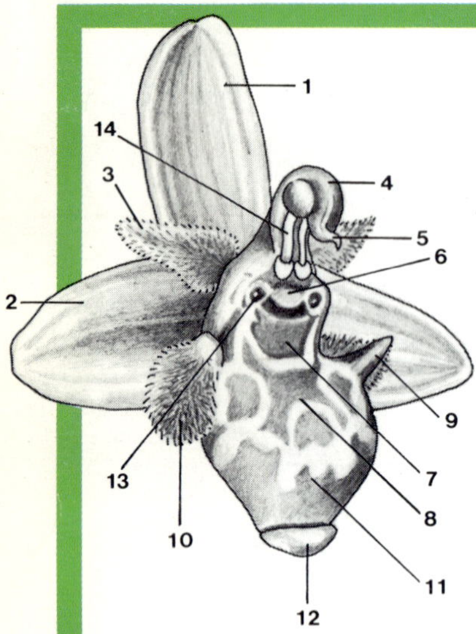

Blüte der Gattung Ophrys

1 Mittleres Sepalblatt
2 Seitliche Sepalen, äußere Blütenblätter
3 Petalen, innere Blütenblätter
4 Säule
5 Konnektivfortsatz
6 Narbe
7 Basalfeld
8 Mal-Zeichnung
9 Lippenhöcker
10 Seitenlappen der Lippe
11 Mittellappen der Lippe
12 Anhängsel
13 Basalschwielen
14 Anthere, Staubblatt

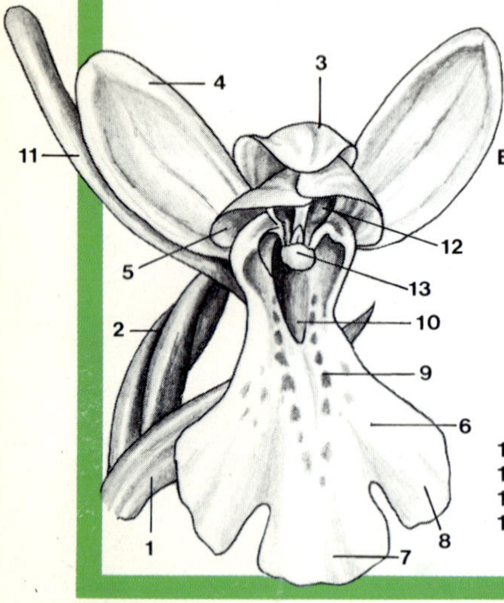

Blüte der Gattung Orchis

1 Tragblatt
2 Fruchtknoten
3 Mittleres Sepalblatt
4 Seitliche Sepalen, äußere Blütenblätter
5 Petalen, innere Blütenblätter
6 Lippe
7 Mittellappen der Lippe
8 Seitenlappen der Lippe
9 Lippenzeichnung
10 Sporneingang
11 Sporn
12 Anthere, Staubblatt
13 Narbe